三维产品扫描

主　编　黄启鹏　钟云腾　肖金梅
副主编　蔡　华　焦玉君　潘耀权
参　编　白崇庆　晏　洁　梁宝英

重庆大学出版社

内容提要

本书从扫描前处理、数据扫描采集、点云数据处理、设备结构与操作方法等方面,介绍了目前业界主流的三维扫描设备及针对各类物件的扫描方法。并根据"项目化"和"任务驱动"理念对内容进行合理编排,将理论与5个实操任务相结合,着重培养学生的职业综合技能。

本书既可作为中职、高职机械类以及机电类专业的3D打印技术应用教材,也可作为广大3D打印爱好者、3D打印从业者自学用书或参考用书。

图书在版编目(CIP)数据

三维产品扫描/黄启鹏,钟云腾,肖金梅主编. --
重庆:重庆大学出版社,2021.2
　　(增材制造技术丛书)
ISBN 978-7-5689-1764-3

Ⅰ.①三…　Ⅱ.①黄…　②钟…　③肖…　Ⅲ.①三维—
激光扫描　Ⅳ.①TN249

中国版本图书馆 CIP 数据核字(2019)第 176703 号

三维产品扫描
SANWEI CHANPIN SAOMIAO

主　编　黄启鹏　钟云腾　肖金梅
副主编　蔡　华　焦玉君　潘耀权
参　编　白崇庆　晏　洁　梁宝英
策划编辑:周　立

责任编辑:陈　力　　版式设计:周　立
责任校对:万清菊　　责任印制:张　策

*

重庆大学出版社出版发行
出版人:饶帮华
社址:重庆市沙坪坝区大学城西路 21 号
邮编:401331
电话:(023)88617190　88617185(中小学)
传真:(023)88617186　88617166
网址:http://www.cqup.com.cn
邮箱:fxk@ cqup.com.cn(营销中心)
全国新华书店经销
重庆俊蒲印务有限公司印刷

*

开本:787mm×1092mm　1/16　印张:9.75　字数:246千
2021 年 2 月第 1 版　　2021 年 2 月第 1 次印刷
印数:1—2 000
ISBN 978-7-5689-1764-3　定价:39.00 元

前　言

自 2015 年以来,国务院及相关部委相继印发了《中国制造 2025》《"十三五"国家战略性新兴产业发展规划》《"十三五"先进制造技术领域科技创新专项规划》等文件,对以 3D 打印、工业机器人为代表的先进制造技术进行了全面部署和推进实施,着力探索培育新模式、营造良好发展环境,为培育经济增长新动能、打造我国制造业竞争新优势、建设制造强国奠定坚实的基础。

佛山市南海区盐步职业技术学校紧跟国家产业导向、顺应产业发展需要,以培养符合时代要求的高素质技能人才为己任,联合佛山市南海区广工大数控装备协同创新研究院,携同广东银纳增材制造技术有限公司,专门成立编委会,以企业实际案例为载体,组织编著了涵盖 3D 打印技术前端、中端、后端全流程以及工业机器人等先进制造技术的系列教材。该系列教材由焦玉君担任编委会主任,华群青、熊薇等担任编委会副主任,编委由来自高校、职业院校以及企业界的专家学者和业务骨干等 47 位成员组成。

本书为系列丛书之一,较详细地从扫描前处理、数据扫描采集、点云数据处理、设备结构与操作方法等方面,介绍了目前业界主流的三维扫描设备及针对各类物件的扫描方法。并根据"项目化"和"任务驱动"理念对内容进行合理编排,将理论与实操任务相结合,着重培养学生的职业综合技能。书中内容清晰明了、图文并茂、简单易学。本书既可作为中职、高职机械类以及机电类专业的 3D 打印技术应用教材,也可作为广大 3D 打印爱好者、3D 打印从业者自学用书或参考工具书。

本书由佛山市南海区盐步职业技术学校黄启鹏、佛山市南海区广工大数控装备协同创新研究院钟云腾、广东生态工程职业学院肖金梅、担任主编。黄启鹏、焦玉君、黄东侨、周立新负责本书项目一、项目二的编写,梁宝英、蔡华、潘耀权负责项目三的编写,吴世巍、钟云腾、白崇庆、晏洁负责项目四和项目五的编写。在编写过程中,广东银纳增材制造技术有限公司、佛山市中峪智能增材制造加速器有限公司、北京天远三维科技股份有限公司、3D Systems 公司等提供大量帮助,在此一并表示感谢!

编　者

2020 年 6 月

目　录

项目一　反求工程技术的认知 ……………………………………………………… 1

任务 1.1　反求工程技术的认识 ………………………………………………… 1

项目小结 …………………………………………………………………………… 6

思考题 ……………………………………………………………………………… 6

项目二　三维数据采集设备 ………………………………………………………… 7

任务 2.1　三维扫描仪的介绍 …………………………………………………… 7

2.1.1　任务描述 ……………………………………………………………… 7

2.1.2　任务目标 ……………………………………………………………… 7

2.1.3　天远 OKIO-5M 扫描仪简介 ………………………………………… 8

2.1.4　天远扫描仪的种类 …………………………………………………… 9

任务 2.2　扫描仪校准标定 ……………………………………………………… 11

2.2.1　扫描仪校准标定概述 ………………………………………………… 11

2.2.2　设备校准流程 ………………………………………………………… 12

项目小结 …………………………………………………………………………… 17

思考题 ……………………………………………………………………………… 18

项目三　Geomagic Wrap 介绍 ……………………………………………………… 19

任务 3.1　用户界面 ……………………………………………………………… 20

任务 3.2　巧妙使用鼠标与键盘操控软件 …………………………………… 21

任务 3.3　快捷键 ………………………………………………………………… 21

任务 3.4　模块介绍 ……………………………………………………………… 23

项目小结 …………………………………………………………………………… 25

思考题 ……………………………………………………………………………… 25

项目四　点云数据处理 ……………………………………………………………… 26

任务 4.1　花洒数据处理 ………………………………………………………… 26

4.1.1　数据引入 ……………………………………………………………… 26

4.1.2　任务目标 ……………………………………………………………… 27

4.1.3　数据采集 ……………………………………………………………… 27

4.1.4　数据处理 ……………………………………………………………… 32

项目单卡 …………………………………………………………………………… 41

项目小结 …………………………………………………………………………… 43

任务 4.2　扳手数据处理 ………………………………………………………… 43

4.2.1　数据引入 ……………………………………………………………… 43

4.2.2 任务目标 ·· 43

4.2.3 数据采集 ·· 43

4.2.4 数据处理 ·· 47

项目单卡 ·· 57

项目小结 ·· 59

任务4.3 简易模具数据处理 ······································ 59

4.3.1 数据引入 ·· 59

4.3.2 任务目标 ·· 59

4.3.3 数据采集 ·· 60

4.3.4 数据处理 ·· 67

项目单卡 ·· 75

项目小结 ·· 77

任务4.4 车门把手数据处理 ······································ 77

4.4.1 数据引入 ·· 77

4.4.2 任务目标 ·· 77

4.4.3 数据采集 ·· 78

4.4.4 数据处理 ·· 82

项目单卡 ·· 93

项目小结 ·· 95

任务4.5 多孔排插数据处理 ······································ 95

4.5.1 数据引入 ·· 95

4.5.2 任务目标 ·· 95

4.5.3 数据采集 ·· 96

4.5.4 数据处理 ·· 100

项目单卡 ·· 111

项目小结 ·· 113

思考题 ·· 113

项目五 企业经典案例 ·· 114

任务5.1 门把手数据处理 ·· 114

5.1.1 数据引入 ·· 114

5.1.2 数据采集 ·· 115

5.1.3 数据处理 ·· 121

任务5.2 车刀数据处理 ·· 131

5.2.1 数据引入 ·· 131

5.2.2 数据采集 ·· 131

5.2.3 数据处理 ·· 136

项目小结 ·· 148

思考题 ·· 148

项目一

反求工程技术的认知

学习目标：

通过本项目的学习,掌握反求工程技术的概念和工作流程,理解反求工程技术的关键技术及实施的条件。

学习要求：

①掌握反求工程的概念。
②掌握反求工程数据采集。
③掌握反求工程系统组成。
④了解反求工程数据扫描的方法。

知识要求：

①了解反求工程的定义。
②了解反求工程数据采集原理。
③了解反求工程技术实施的条件。
④了解反求工程数据扫描的方法。

任务 1.1 反求工程技术的认识

反求工程(逆向工程)是将数据采集设备获取的实物样件表面及内腔数据,输入专门的数据处理软件或带有数据处理能力的三维 CAD 软件进行处理和三维重构,在计算机上复现实物样件的几何形状,并在此基础上进行原样复制、修改或重设计,该方法主要用于对难以精确表达的曲面形状或未知设计方法的构件形状进行三维重构和再设计。

1

（1）反求工程的基本概念

反求工程是一种产品设计技术的再现过程,即对一项目标产品进行逆向分析及研究,从而演绎并得出该产品的处理流程、组织结构、功能特性及技术规格等设计要素,以制作出功能相近,但又不完全一样的产品。逆向工程源自商业及军事领域中的硬件分析。其主要目的是在不能轻易获得必要的生产信息的情况下,直接从成品分析推导出产品的设计原理。

反求工程流程图如图1.1.1所示。

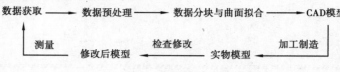

图1.1.1　反求工程流程图

正向设计流程图如图1.1.2所示。

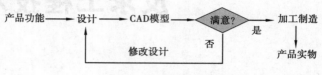

图1.1.2　正向设计流程图

（2）反求工程工作流程

反求工程工作流程图如图1.1.3所示。

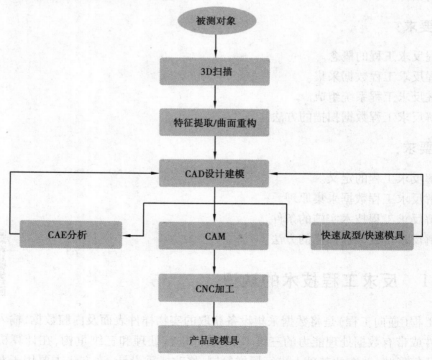

图1.1.3　反求工程工作流程图

反求工程是出现在先进制造领域里的新技术。与"概念产品设计→产品CAD数字模型→产品(物理模型)"传统的正向设计不同,其首先通过数据采集,采用高精度三维扫描仪对已有的实物原型、样品或模型进行准确、高速的扫描,得到其三维轮廓数字数据,然后配合逆向软件进行数据处理和曲面重构。再对重构的曲面进行精度分析、评价构造效果,在原型的基础上进行再设计,实现创新,最终构造出实物的三维模型生成 IGES(初始化图形交换规范)或 STL(标准模块库)数据文件,根据此文件可进行快速成型或 CNC 数控加工,进而得到功能相近但又不完全一样的产品。

1)数据采集

数据采集是反求工程实现的初始条件,是数据处理、模型重建的基础。其利用相关的测量设备,根据产品模型测量得到空间拓扑离散点数据,并将测量结果以文件或数据库的方式存储起来,以备将来检索调用,该技术的好坏直接影响对实物(零件)描述的精确度和完整度,影响数字化实体几何信息的进度,进而影响重构的 CAD 曲面和实体模型的质量,最终影响整个反求工程的进度和质量,所以,数据采集方法对反求工程至关重要。

2)三维轮廓数字数据(点云)

三维轮廓数字数据是一组特殊的测量数据点,通常由三维扫描系统获得。由于数据点的数量较大,也称为点云数据。点云是三维空间中数据点的集合,最小的点云数据只包括一个点(称孤点或奇点),大型点云数据可达到几百万数据点或更多。为了能有效处理各种形式的点云数据,需要配合点云处理软件,称为数据预处理或封装数据。

3)数据预处理

在实际测量中,由于各种随机及人为因素影响的存在,测量数据会存在误差,特别是在产品边缘附近的测量数据和测量数据中含有的噪点,可能使该点及其周围的曲面偏离原曲面,如果直接使用测量得到的数据用于曲线、曲面造型,会造成重构模型不能满足精度要求。对于那些测量误差太大的点数据,会导致拟合后的曲面发生变形、翘曲等问题。因此,在进行曲面重构之前必须对点云数据进行预处理。预处理数据一般使用专业软件进行,工作内容包括删除噪点、去除体外孤点、平滑数据和封装数据等。

4)模型重构

将预处理后的三维数据导入 CAD 软件系统中,分别依据三维数据参照原模型做表面模型的拟合,并通过各表面的求交与拼接获取零件原型表面的 CAD 模型。

5)重构模型的检验与修正

根据重构的数字模型,一般采用机械加工或 3D 打印技术加工出样品,以检验重构的 CAD 模型是否满足精度或其他试验性能指标的要求,对不满足要求的部分需重复模型重构过程,直至达到零件的反求工程设计要求。

(3)光学扫描仪工作原理

光学扫描仪的整个扫描过程基于光学测量原理。首先将一系列编码的光栅投影到物体表面,通过光的反射获得物体在空间里的点的三维坐标。由光栅投影在待测物上,并加以粗细变化及位移,配合 CCD Camera 将所采集的数字影像进行处理,即可得知待测物的实际 3D 外形,如图 1.1.4 所示。

(4)光学扫描仪的分类

光学扫描仪按测量种类的不同可分为接触式三维扫描仪(图 1.1.5)和非接触式三维扫描仪(图 1.1.6)。非接触式三维扫描仪又可分为结构光扫描仪(图 1.1.7)、激光式扫描仪(图 1.1.8)和拍照式扫描仪(图 1.1.9)3 种。

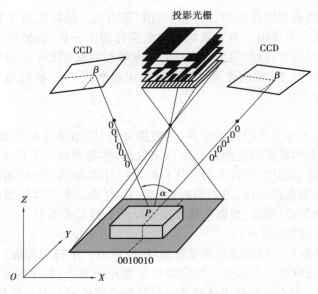

图 1.1.4 三维扫描原理图

图 1.1.5 接触式三维扫描仪

图 1.1.6 非接触式三维扫描仪

图 1.1.7 结构光扫描仪

图 1.1.8 激光式扫描仪

图 1.1.9 拍照式扫描仪

（5）扫描种类介绍

1）结构光扫描

结构光是进行 3D 扫描的一种光学方法,它投射出一组用数学方法构造的光图形,按照一定顺序照亮被测量的物体。获得的点云数据用于被扫描物体表面 3D 模型的计算构造。

结构光扫描原理图如图 1.1.10 所示。

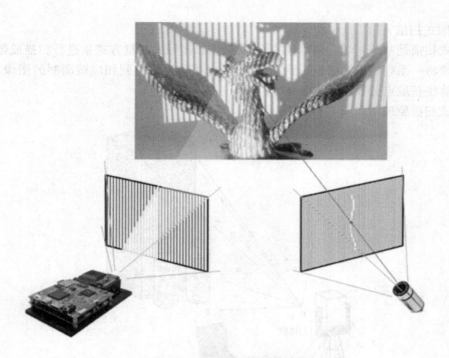

图 1.1.10　结构光扫描原理图

2)激光式扫描

　　发射一条线激光到目标物体上,摄像头通过某个固定角度检测该激光在物体上的反射,然后通过三角测量原理确定物体表面的高度和宽度信息。

　　激光式扫描原理图如图 1.1.11 所示。

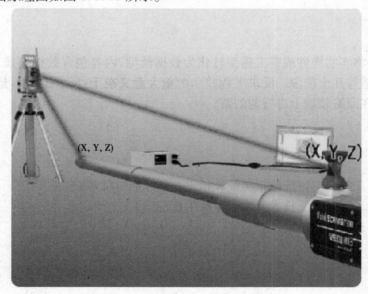

图 1.1.11　激光式扫描原理图

3）拍照式扫描

拍照式扫描是基于光学三角测量的原理,采用非接触式测量方式来进行扫描成像的。首先投影模块将一系列编码光栅投影到物体表面,由采集模块得到相应被调制的图像,然后通过特有的算法获取点云数据的 3 个坐标位置。

拍照式扫描原理图如图 1.1.12 所示。

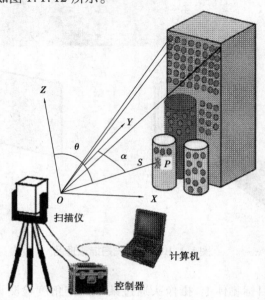

图 1.1.12　拍照式扫描原理图

项目小结

反求工程是将实物样件或手工模型转化为数据模型,内容包含数据扫描、数据处理与模型重构、模型制造等几个阶段。反求工程技术的重大意义在于:反求工程不是简单地将原有物件还原,而是在原有领域上进行的创新。

思考题

1. 何为反求工程? 与传统的正向设计相比有何区别与联系?
2. 简述反求工程的主要技术工作流程及用意?
3. 如何提高扫描数据精度?

项目二

三维数据采集设备

学习目标:

通过本项目的学习,了解扫描仪的扫描校准原理,通过标定的案例,阐述扫描仪的标定校准流程。

学习要求:

①了解天远扫描仪。
②了解天远扫描仪的标定校准。

知识要点:

①了解天远三维扫描仪的种类。
②了解天远扫描仪的标定校准过程。

任务 2.1　三维扫描仪的介绍

2.1.1　任务描述

现需要用反求工程技术进行扫描抄数,故使用天远 OKIO 蓝光三维扫描仪对目标工件进行扫描数据的采集。

2.1.2　任务目标

(1)能力目标
①掌握 OKIO 扫描仪的扫描校准操作。
②能够使用 OKIO 扫描仪新建扫描工程。

③能够熟练使用扫描的配备工具。

（2）知识目标

①了解天远三维扫描仪的种类。

②了解 OKIO 扫描仪的整体功能特点。

③学习 OKIO 扫描仪的具体技术参数。

（3）素质目标

①具有严谨求实精神。

②具有个人实践创新能力。

③具备 6S 职业素养。

2.1.3　天远 OKIO-5M 扫描仪简介

天远 OKIO-5M 扫描仪是北京天远三维科技股份有限公司旗下的一款结构光学三维扫描测量设备。该设备被广泛应用于工业设计、制鞋行业、汽车工业、玩具行业以及文物修复等领域。

（1）产品特点

①500 万像素高分辨率蓝光工业相机。

②最高精度可达到 5 μm。

③直尺多大 1 亿顶点数据量。

④超高速扫描，单幅扫描时间少于 1.5 s。

⑤全新碳纤维结构设计。

⑥实时显示网格化模型。

⑦系统自带对齐及检测模块。

⑧可支持配套高速无线蓝牙光学触笔。

（2）技术参数

相关技术参数如图 2.1.1 所示。

产品型号	OKIO-5M			
	OKIO-5M-400	OKIO-5M-200	OKIO-5M-100	OKIO-5M-D
测量范围 / mm	400×300	200×150	100×75	可定制
测量精度 / mm	0.015	0.01	0.005	
平均点距 / mm	0.16	0.08	0.04	
传感器 / 像素	5 000 000×2			
光源	蓝光（LED）			
扫描速度	小于1.5 s			
扫描方式	非接触拍照式			
拼接方式	"一键式"标志点全自动拼接			
精度控制方式	内置GREC全局误差控制模块；支持三维摄影测量系统（照相定位）			
数据输出格式	ASC，STL，OBJ，OKO			
电脑配置要求	操作系统：Win7 64bit CPU：Intel 酷睿 i7 3770及以上 显卡：NVIDIA GeForce GT 670 及以上 内存：16G DDR3 1600及以上			

图 2.1.1　OKIO-5M 扫描仪相关技术参数

2.1.4　天远扫描仪的种类

（1）OKIO-5M 扫描仪

OKIO-5M 扫描仪采用先进的蓝光光栅扫描技术,配合 300 万～500 万像素进口工业相机,可满足各种高精度工业三维测量需求,如图 2.1.2 所示。

图 2.1.2　OKIO-5M 扫描仪

（2）OKIO-5M Plus 扫描仪

OKIO-5M Plus 扫描仪采用窄带蓝光光源,相对于 OKIO-5M 扫描仪,升级后采用高分辨率工业镜头,带来了更为精细的扫描效果以及更加光顺的数据质量,如图 2.1.3 所示。

图 2.1.3　OKIO-5M Plus 扫描仪

（3）OKIO-E 照相式三维光学扫描仪

OKIO-E 照相式三维光学扫描系统整合"一键式"标志点全自动拼接模块,不需要使用外部软件进行数据拼接,系统精度实时检测功能可使每次扫描拼接后,自动评估拼接质量,并可实时查看对应的标志点精度。GREC 全局误差控制模块可对拼接后的误差进行全局控制。OKIO-E 扫描仪如图 2.1.4 所示。

图 2.1.4　OKIO-E 扫描仪

（4）FreeScan 手持式激光扫描仪

FreeScan 手持式激光扫描仪具有高效率、高兼容性、高便携性等特点，采用非接触式测量方式，在数据采集过程中不会产生因摩擦力和接触压力引起形变测量误差，如图 2.1.5 所示。

图 2.1.5　FreeScan 手持式激光扫描仪

（5）3DProbe 光笔测量仪

天远光学触笔和天远三维扫描仪共同使用一个模块组件，数据可以与三维扫描仪数据自动整合。测量头和触笔既不需要精确定位，也不需要任何固定的相对位置。无线遥控触发保证了高稳定性和灵活的测量范围，轻巧的设计可进行长时间且高效的测量，3DProbe 光笔测量仪如图 2.1.6 所示。

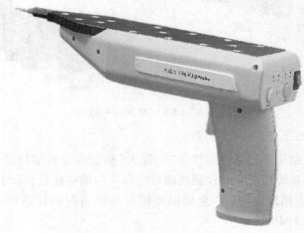

图 2.1.6　3DProbe 光笔测量仪

（6）OKIO ColorScan 真彩扫描仪

OKIO ColorScan 是天远三维推出的集三维扫描、数据自动拼接、自动纹理贴图等于一体的高精度、高真实感三维数据获取与处理系统。通过工业摄像机和高分辨率数码相机实现对物体几何模型和纹理图像的同时采集，对于纹理丰富的物体，在扫描过程中实现全自动拼接，并通过系统软件实现自动纹理贴图，OKIO ColorScan 真彩扫描仪如图 2.1.7 所示。

图 2.1.7　OKIO ColorScan 真彩扫描仪

任务 2.2　扫描仪校准标定

2.2.1　扫描仪校准标定概述

（1）校准原因

三维扫描仪是一种高精度的测量仪器，对环境、温度、湿度以及天气有较强的敏感性，通常在设备组装、天气恶劣以及设备有磕碰的情况下都要对扫描仪进行校准操作。

（2）准备工具

准备工具包括 3D Scan-OKIO 扫描系统（图 2.2.1）和校准标定板（图 2.2.2）。

图 2.2.1　3D Scan-OKIO 扫描系统

图 2.2.2　校准标定板

2.2.2　设备校准流程

第一步:双击打开"3D Scan-OKIO 扫描系统",如图 2.2.3 所示。

图 2.2.3　打开软件

第二步:单击"标定"选项,显示"标定信息确认"窗口,按照默认参数设置,再单击"确定"按钮即可,如图 2.2.4 所示。

图 2.2.4　标定参数设置

第三步:软件自动跳转到标定模式,进行设备标定第一步。按照视图中的指示调节扫描仪,直至显示图的符号均变为绿色,单击"位置:1"即可,如图 2.2.5 所示。

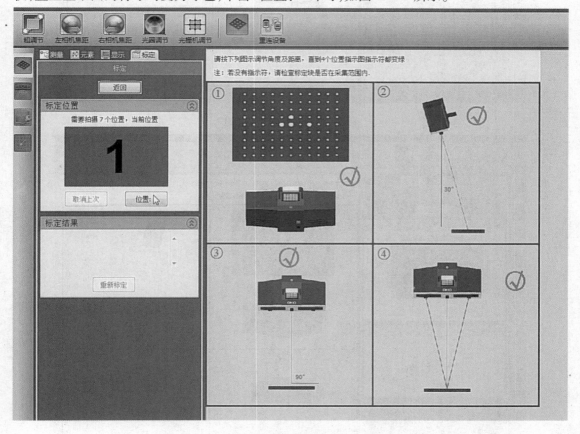

图 2.2.5　设备标定第一步

第四步:进行设备标定第二步。同样按照标定第一步调节扫描仪,直至显示图的符号均变为绿色,单击"位置:2"即可,如图 2.2.6 所示。

第五步:进行设备标定第三步。直至显示图的符号均变为绿色,单击"位置:3"即可,如图 2.2.7 所示。

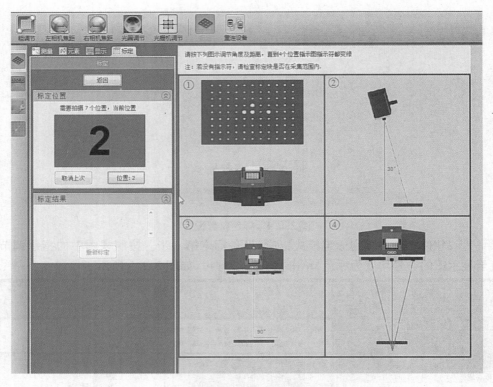

图 2.2.6　设备标定第二步

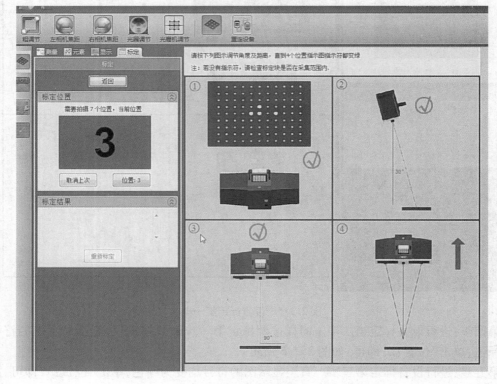

图 2.2.7　设备标定第三步

第六步:进行设备标定第四步。直至显示图的符号均变为绿色,单击"位置:4"即可,如图2.2.8所示。

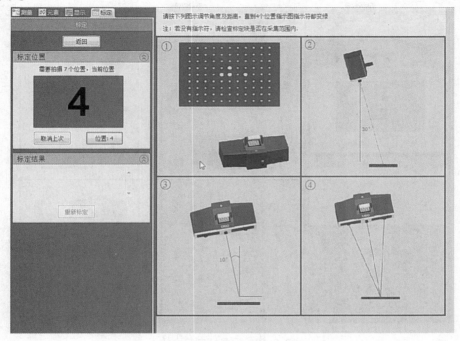

图 2.2.8　设备标定第四步

第七步:进行设备标定第五步。直至显示图的符号均变为绿色,单击"位置:5"即可,如图2.2.9 所示。

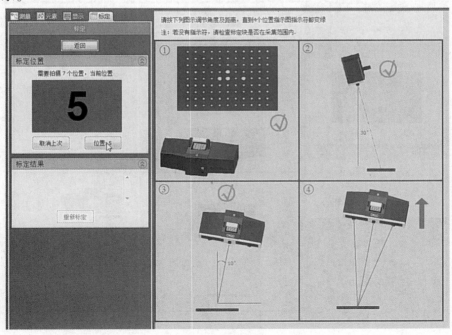

图 2.2.9　设备标定第五步

第八步:进行设备标定第六步。直至显示图的符号均变为绿色,单击"位置:6"即可,如图 2.2.10 所示。

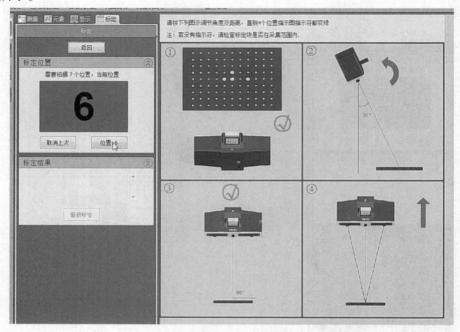

图 2.2.10 设备标定第六步

第九步:进行设备标定第七步,即最后一步。直至显示图的符号均变为绿色,单击"位置: 7"即可,如图 2.2.11 所示。

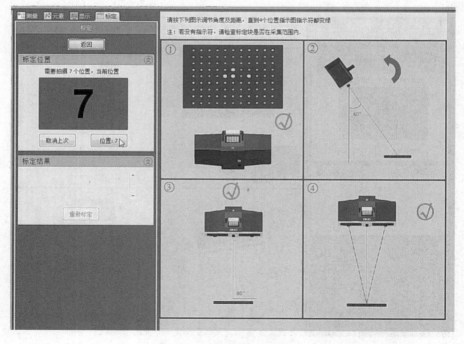

图 2.2.11 设备标定第七步

第十步:完成七步校准操作后,可单击"计算"选项,检验校准的过程,如图 2.2.12 所示。

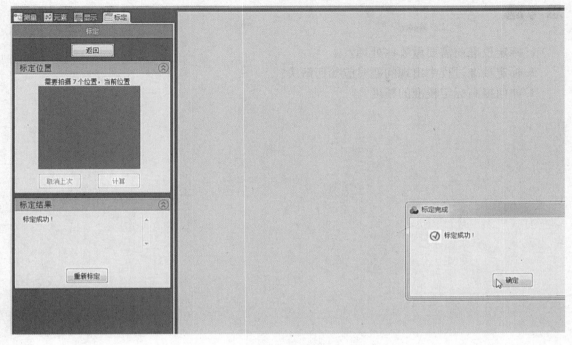

图 2.2.12 设备标定计算

第十一步:计算完成后,弹出"设备标定成功"窗口,设备标定完成,如图 2.2.13 所示。

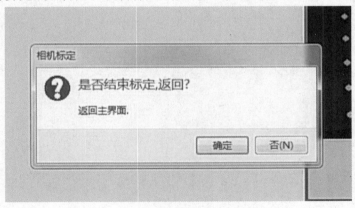

图 2.2.13 设备标定完毕

项目小结

数据扫描是借助测量设备将实物的表面数字化,是反求工程实现的基础和关键之一,要求扫描数据的完整性和精度性。扫描精度与扫描人员的技术水平有关,扫描仪标定误差的大小将影响数据的精度。

思考题

1. 标定校准前需要做哪些处理?
2. 标定校准过程中出现问题时应如何解决?
3. 如何提高标定校准的精度?

项目三

Geomagic Wrap 介绍

学习目标：

通过本项目的学习，了解 Geomagic Wrap 软件操作界面，掌握各阶段的主要能力及操作指令，并掌握 Geomagic Wrap 快捷键指令学习。

学习要求：

①了解 Geomagic Wrap 软件操作界面。
②了解 Geomagic Wrap 软件的基础模块。
③了解快捷键的使用与键盘与鼠标的配合操作。

知识要点：

①Geomagic Wrap 的界面认识。
②掌握软件的基础模块。
③掌握快捷键的使用。

Geomagic Wrap 简介

Geomagic Wrap 能够以快速而精确的方式，将点云过渡到可立即用于下游工程、制造、艺术和工业设计等的三维多边形和曲面模型。作为 3D 数字线程中的一个部分，Geomagic Wrap 所提供的数字工具可以创建出能够在 3D 打印、铣削、存档和多个其他 3D 用途中直接使用的完美数据。Geomagic Wrap 所包含的高级精确造面工具能够提供强大、易用的领先建模功能，帮助用户构建出完美的三维模型。可用的脚本和宏功能能够在逆向工程流程中实现重复任务功能的自动化。

Geomagic Wrap 使用户能够将点云数据、探测数据和导入的 3D 格式（STL、OBJ 等）转换为三维多边形网格，以用于制造、分析、设计、娱乐、考古和分析，较适用于扫描和点云数据的处理。

任务 3.1　用户界面

Geomagic Wrap 软件的用户界面如图 3.1.1 所示，主要包含下述几个部分。

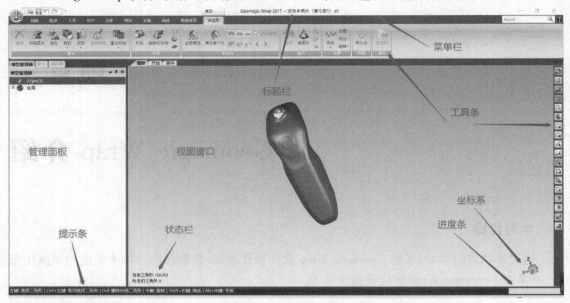

图 3.1.1　用户界面

①管理器面板。管理器面板包含"模型管理器""显示""对话框"3 个管理选项卡，如图 3.1.2 所示。如果该面板不小心被删除，则可单击"视图"→"面板显示"，在下拉菜单中勾选"模型管理器""显示""对话框"即可再现管理器面板。

a."模型管理器"选项卡用于显示文件数目及类型。

b."显示"选项卡用于控制对象的显示，便于观察，后面将重点介绍。

c."对话框"选项卡用于显示执行某个命令的对话框，如图 3.1.2 所示。

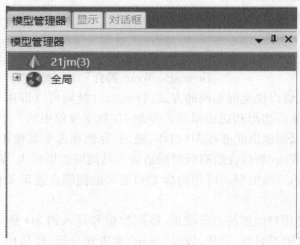

图 3.1.2　"对话框"管理选项卡

②信息面板。提供模型信息、边界信息和内存使用信息。显示的内容通过管理器面板上的显示管理器来控制。

③状态文本。提供相关信息给操作人员,如系统正在处理的操作、快捷键等。

④计时器。显示操作进程。

⑤坐标轴指示器。显示坐标轴相对于模型的当前位置。

⑥工具条。包含常用命令的快捷图标。

⑦菜单栏。提供软件可执行的所有命令。

⑧视图窗口。显示当前工作对象。在视图窗口内可以看到模型图形和所选取的部分。

任务 3.2　巧妙使用鼠标与键盘操控软件

与很多三维造型软件一样,Geomagic Wrap 软件的操作方式也是以鼠标为主、键盘为辅。鼠标操作主要用于数据模型的旋转、缩放、平移、对象的选取等。

其所能实现的功能如下所述。

(1)鼠标左键

①单击:选择用户界面的功能键和激活对象元素;或在一个数值栏里单击上、下箭头来增大或减小该数值。

②单击并拖动:激活对象的选中区域。

③Ctrl + 鼠标左键:取消选择的对象和区域。

④Alt + 鼠标左键:调整光源的入射角度和调整亮度。

⑤Shift + 鼠标左键:当同时处理几个模型时,数值为激活模型。

(2)鼠标中键

①滚动:将光标放在视窗中的任一部分,可对视图进行缩放;将光标放在数值栏里,可增大或缩小数值。

②单击并拖动:在视窗中,可进行视图的旋转。

③Ctrl + 鼠标中键:激活多个对象。

④Alt + 鼠标中键:平移。

⑤Shift + Ctrl + 鼠标中键:移动模型。

(3)鼠标右键

①单击:可获得快捷菜单,包含一些使用频繁的命令。

②Ctrl + 鼠标右键:旋转。

③Alt + 鼠标右键:平移。

④Shift + 鼠标右键:缩放。

任务 3.3　快捷键

Geomagic Wrap 软件常用快捷键见表 3.3.1。

表 3.3.1　Geomagic Wrap **常用快捷键**

快捷命令	功　能
Ctrl + N	新建模型
Ctrl + O	打开模型
Ctrl + S	保存模型
Ctrl + Z	撤销上一步操作
Ctrl + Y	重复上一步操作
Ctrl + T	选择矩形工具
Ctrl + L	选择线条工具
Ctrl + P	选择画笔工具
Ctrl + U	选择制订区域
Ctrl + A	全选
Ctrl + C	全部不选
Ctrl + V	选择可见
Ctrl + G	选择贯穿
Ctrl + D	拟合模型到视图
Ctrl + F	设置旋转中心
Ctrl + R	重新设置当前视图
Ctrl + B	重新设置边界框
Ctrl + X	选择工具
Ctrl + 左键框选	取消选择部分
F1	帮助
F2	单独显示
F3	显示下一个
F4	显示上一个
F5	全部显示
F6	只选中列表
F7	全部不显示
Esc	中断操作
Ctrl + Shift + X	执行宏操作
Ctrl + Shift + E	结束宏操作
Delete	删除所选择的
空格键	应用/下一步

续表

快捷命令	功　能
Alt + O	隐藏全部视图对象
Alt + 1	隐藏不活动的视图对象
Alt + 2	隐藏/显示下一个视图对象
Alt + 3	隐藏/显示上一个视图对象
Alt + 4	显示所有的特征
Alt + 5	隐藏所有的特征
Alt + 7	切换所有基准
Alt + 8	编辑时全选,或全选视图对象
Alt + 9	显示全部视图对象

任务 3.4　模块介绍

(1)Geomagic Wrap 点云处理模块

点云处理模块的主要作用是对导入的点云数据进行预处理,并将其处理为整齐、有序以及可提高处理效率的点云数据,如图 3.4.1 所示,其包含的主要功能如下所述。

①采样栏:对点云数据进行曲率、格栅、随机或者统一采样。

②修补栏:选择体外孤点、非连接项、减少删除点云;添加点、偏移点对点云着色光顺点云。

③联合栏:对多个点云进行联合。

④封装栏:对点云进行封装处理。

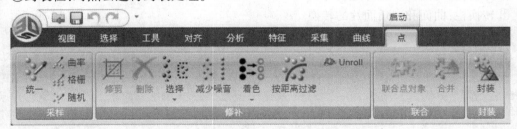

图 3.4.1　点云处理模块

(2)Geomagic Wrap 的多边形处理模块

多边形处理模块的主要作用是对多边形网格数据进行表面光顺与优化处理,以获得光顺、完整的三角面片网格,并消除错误的三角面片,提高后续的曲面重建质量,如图 3.4.2 所示,其包含的主要功能如下所述。

①修补栏:细化或者简化三角面片数目;清除不需要的特征;修复相交区域,消除重叠的三角形。

②平滑栏:清除、删除钉状物,减少噪声以光滑三角网格。

③填充孔栏:填充内、外部孔或者拟合孔。

④联合栏：合并、平均多边形对象，并进行布尔运算。

⑤偏移栏：加厚、抽壳、偏移三角网格；手动雕刻曲面或者加载图片在模型表面形成浮雕。

⑥边界栏：对边界进行伸直、增加、减少控制器点、松弛、延伸、细分、投影、创建对象等处理。

⑦锐化栏：锐化曲面之间的连接，形成角度。

⑧转换栏：点云和三角面片的转换。

⑨输出栏。

图3.4.2　多边形处理模块

（3）Geomagic Wrap 的精确曲面模块

精确曲面模块的主要作用是实现数据分割与曲面重构，通过获得整齐的划分网格，从而拟合出光顺的曲面，如图3.4.3所示，包含的主要功能如下所述。

①开始栏：启动精确曲面工具。

②自动曲面化栏：自动拟合曲面。

③轮廓线栏：探测轮廓线，并对轮廓线进行绘制、松弛、收缩、合并、细分、延伸等处理；探测曲率线，并对曲率线进行手动移动、设置级别、升级约束等处理。

④曲面片栏：构造曲面片，并对曲面片进行移动、松弛、修理等处理 。

⑤格栅栏：构造栅格，并可对栅格进行松弛、编辑、简化等处理。

⑥曲面栏：自动拟合曲面、合并曲面。

⑦分析栏：对曲面和面片进行分析。

⑧转换栏：曲面和三角面片的转换。

⑨输出栏。

图3.4.3　精确曲面模块

（4）Geomagic Wrap 的曲线模块

曲线模块的主要作用是对曲线进行提取和绘制，并对曲线进行处理，如图3.4.4所示，其包含的主要功能如下所述。

①自由曲线栏：提取和绘制曲线。

②已投影曲线栏：对曲线进行再采样、编辑等处理。

③输出栏。

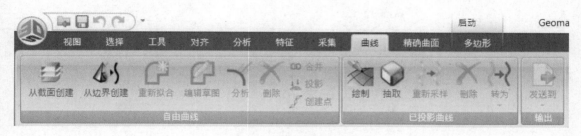

图 3.4.4 曲线模块

（5）Geomagic Wrap 的特征模块

特征模块将在活动的对象上定义一个实际或虚拟的结构体,并对其命名,以作为分析对齐、修建工具的参考。在对特征定义完毕后,可以对该特征进行参数调整,假如特征用以分析、对齐,则保持初始参数。特征包括平面、点、直线、圆、槽、球体、圆柱体以及圆锥体,如图3.4.5所示,其包含的主要功能如下所述。

①创建栏:对平面、点、直线、圆、槽、球体、圆柱体以及圆锥体等特征进行创建。

②编辑栏:对现有特征进行修改编辑。

③显示栏。

④输出栏。

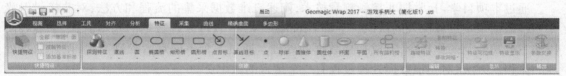

图 3.4.5 特征模块

项目小结

通过对 Geomagic Wrap 的分析讲解,使读者对 Geomagic Wrap 形成初步了解并掌握一定的基础知识,为下一项目的学习打下坚实的基础。

思考题

1. Geomagic Wrap 的精确曲面模块主要应用在哪些方面?

2. Geomagic Wrap 的精确曲面模块的作图相对于其他软件有什么优势?

项目四

点云数据处理

学习目标：

通过本项目学习，掌握非接触测量技术，阐述三维数据采集的流程和方法，对非接触触光学三维数据采集过程深入的认识。了解 Geomagic Wrap 软件处理数据的基本流程，掌握各阶段的主要功能及操作指令，完成扫描数据的处理。通过 5 个不同点云处理案例，阐述数据处理的流程及方法，对扫描数据处理过程有一个深入的认识。

学习要求：

①了解数据采集的流程。
②了解扫描仪使用的基本方法。
③了解 Geomagic Wrap 软件。
④掌握各阶段技术命令。

知识要点：

①了解扫描前处理、扫描规划、扫描。
②了解扫描仪的基本操作。
③了解工作流程、主要功能和基本操作。
④选择并删除体外孤点、减少噪音、封装、填充孔。

任务 4.1　花洒数据处理

4.1.1　数据引入

花洒又称莲蓬头，原是一种浇花、盆栽及其他植物的装置。后来有人将其改装成为淋浴装置，使之成为浴室常见的用品，如图 4.1.1 所示。

图 4.1.1　花洒

4.1.2　任务目标

（1）能力目标

①掌握模型分析的能力。

②掌握标志点的粘贴。

③掌握 OKIO 扫描仪的使用。

（2）知识目标

①了解模型结构及组成。

②了解标志点的作用。

③了解模型数据采集前处理的重要性。

（3）素质目标

①具有严谨求实的精神。

②具有个人实践创新能力。

③具备 6S 职业素养。

4.1.3　数据采集

数据采集步骤如下所述。

（1）工具准备

工具准备见表 4.1.1。

表 4.1.1　工具准备表

工具名称	图　示	作　用
花洒		用于数据采集

续表

工具名称	图 示	作 用
手套	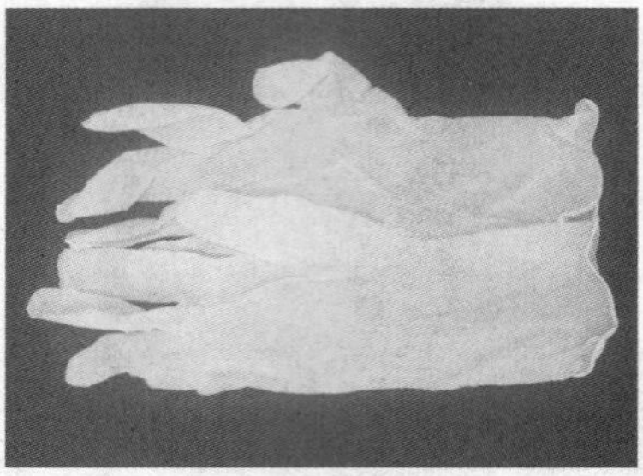	①防止手和花洒之间接触引起显像剂的掉落; ②保护手
显像剂		防止被测物体反光而导致无法采集数据
棉签	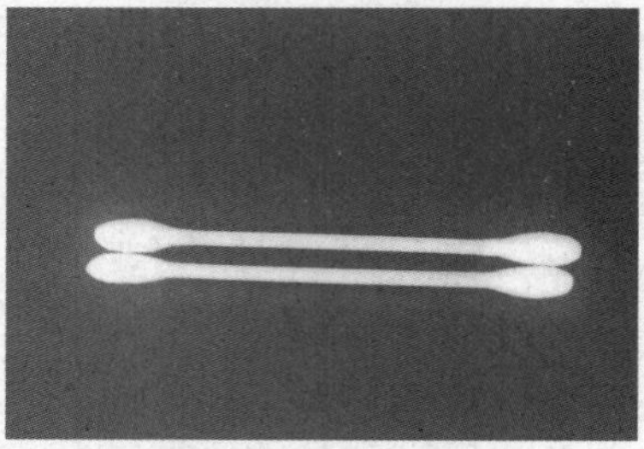	去除被测物局部显像剂,使标志点粘贴牢固
标志点	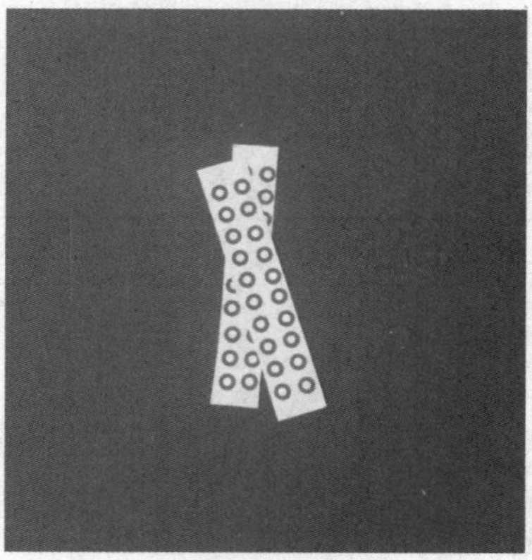	用于在被测物上做标志,使得扫描时拼接更加方便、精准

续表

工具名称	图　示	作　用
油泥		①固定物体方位:部分物体因特征或形状难以安放,所以使用油泥作为夹具使物体固定在转盘上方便扫描; ②作为辅助特征:对于回转物体,公共特征难以拼接,从而使用油泥增设特征,方便拼接特征,扫描点云拼接后把油泥点云删除即可

(2)喷粉

①手握显像剂,旋转摇晃 10 ~ 15 s,如图 4.1.2 所示。

图 4.1.2　旋转摇匀

②喷嘴距离模具 150 ~ 200 mm,均匀喷涂,如图 4.1.3 所示。

图 4.1.3　显像剂喷涂

注意:

未完全干燥固化前不宜移动。

喷涂人员须进行必要的个人防护。

(3) 贴标志

①使用棉签去除被测物局部显像剂。

②撕下标志点粘贴。

③完成粘贴,如图4.1.4所示:

图4.1.4　标志点

注意:

标志点不宜过多,以免影响后期的数据处理。

标志点的位置尽量选择在一些平面位置,不可以贴在一些重要的特征上面,以免造成一些特征无法采集。

(4) 扫描

步骤一:新建工程。启动设备后双击打开3D Scan软件,单击"新建工程"命令,命名文件及选择保存路径,如图4.1.5所示,单击"确定"按钮。

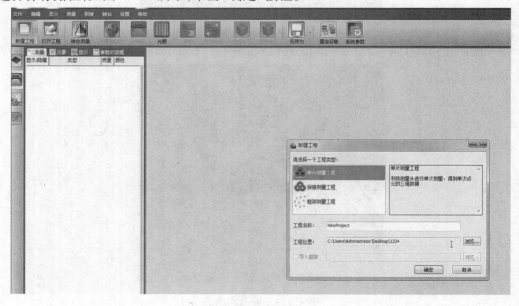

图4.1.5　"新建工程"选项

步骤二:相机中显示出物体,单击"测量"选项,扫描仪开始采集物体数据,如图4.1.6所示。

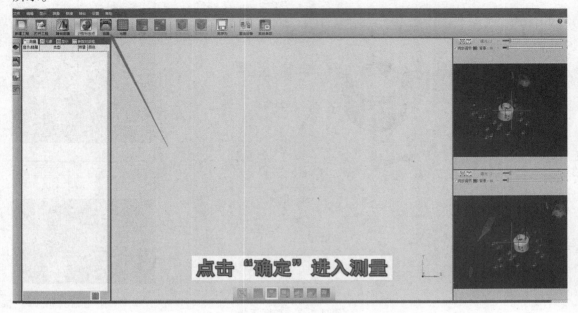

图4.1.6 扫描测量

步骤三:扫描采集数据后,待软件计算后主窗口显示扫描采集数据,如图4.1.7所示。

步骤四:扫描采集数据后对三维旋转模型进行观察,扫描仪识别到4个以上的标志点即可进行下一组数据采集并自动拼接。若存在特征扫描缺失的情况,可进行补充采集,直至数据采集完整为止,如图4.1.8所示。

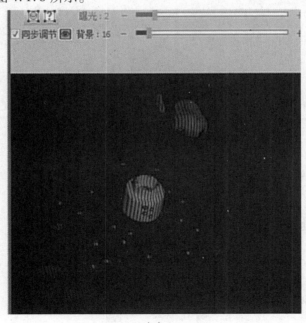

(a)

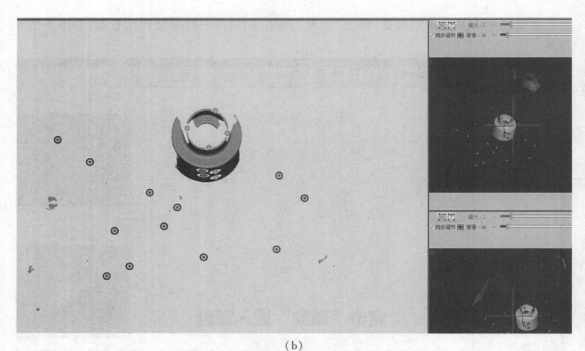

（b）

图 4.1.7　数据采集

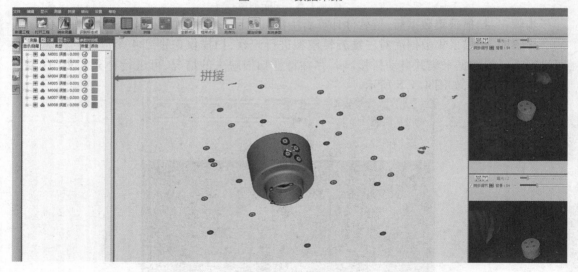

图 4.1.8　采集并拼接

4.1.4　数据处理

（1）命令

常用命令见表 4.1.2。

表 4.1.2　常用命令表

命　　令	图　　标	作　　用
点云着色	着色	给点云上开启照明和彩色效果,以帮助用户观察其几何形状
非连接项		选择偏离主点云的点集或孤岛
体外孤点		进行体外孤点的选择; 体外孤点是指模型中偏离主点云距离比较大的点云数据,通常是因扫描过程中不可避免地扫描到背景物体,如桌面、墙、支撑结构等物体而造成,故必须删除
减少噪音	减少噪音	减少在扫描过程中产生的噪音点数据,所谓的噪音点是指模型表面粗糙的,非均匀的外表点云,扫描过程中由于扫描仪器轻微的抖动等原因产生。减噪处理可以使数据平滑,降低模型噪音点的偏差值,在后来封装时能够使点云数据统一排布,以更好地表现真实的物体形状
点云封装	封装	将围绕点云数据进行封装计算,使点云数据转换为多边体模型
填充单个孔	填充单个孔	根据曲率、切线或平面的方式对单个孔进行填补修复

(2)数据处理过程

步骤一:导入文件。单击"导入"选项,选择.asc 文件,再单击"打开"选项,如图 4.1.9 所示。

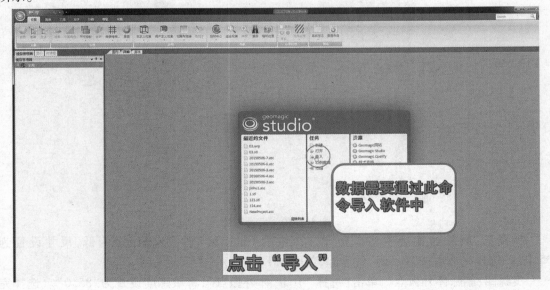

图 4.1.9　导入文件

步骤二:点云着色。单击"着色"选项中的"着色点",如图4.1.10所示。

（a）

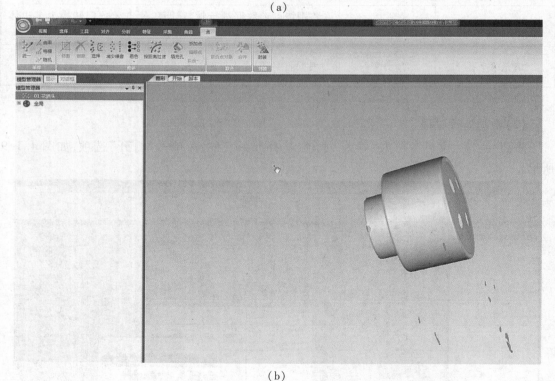

（b）

图4.1.10　点云着色

步骤三:删除非连接项。单击"选择"中的"非连接项",分隔设置为低,尺寸设置为"5.0"。选择完成后按"Delete"键删除,如图4.1.11所示。

步骤四:删除体外弧点。单击"选择"中的"体外弧点",将敏感度设置为"85.0"。选择完成后按"Delete"键删除,如图4.1.12所示。

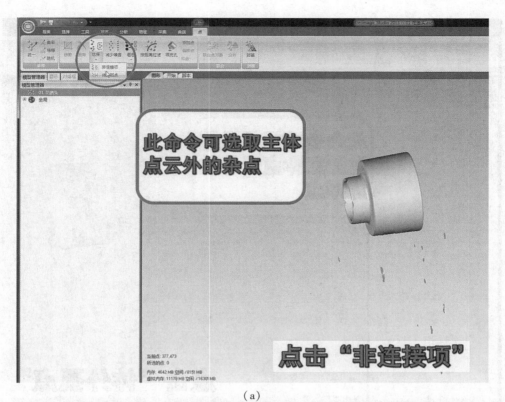

（a）

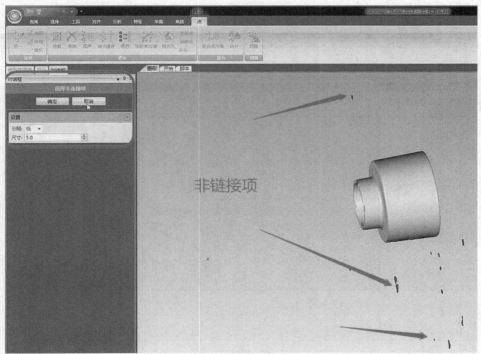

（b）

图 4.1.11　删除非连接项

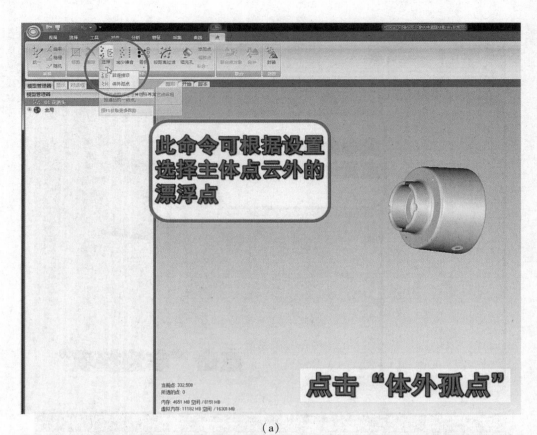

（a）

（b）

图 4.1.12　删除体外孤点

步骤五：减少噪音。单击"减少噪音"选项，迭代设置为"5"，偏差限制设置为"0.05"。减少噪音可将同一曲率上偏离主体点云过大的点去除，如图4.1.13所示。

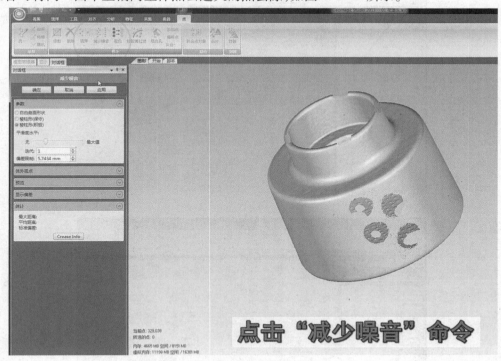

（a）

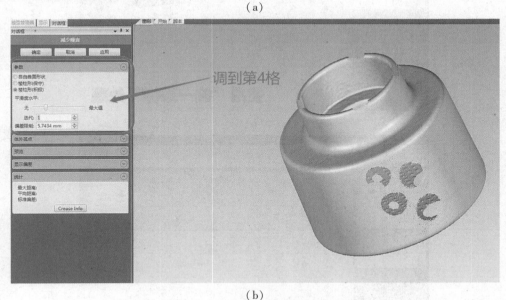

（b）

图4.1.13　减少噪音

步骤六：统一采样。单击"统一"选项，选择"绝对"，间距设置为"0.2"。

统一采样可将点云简化至目标值，如图4.1.14所示。

步骤七：点云封装。单击"封装"选项，按默认参数设置，点云数据转换为网格面片，如图4.1.15所示。

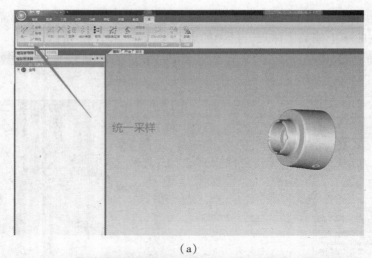

(a)

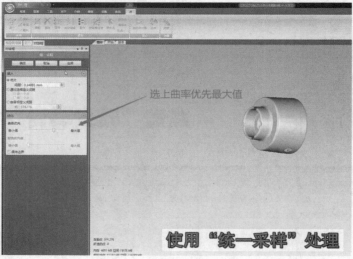

(b)

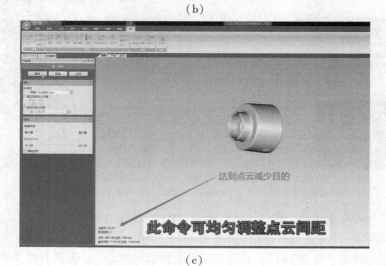

(c)

图 4.1.14　统一采样

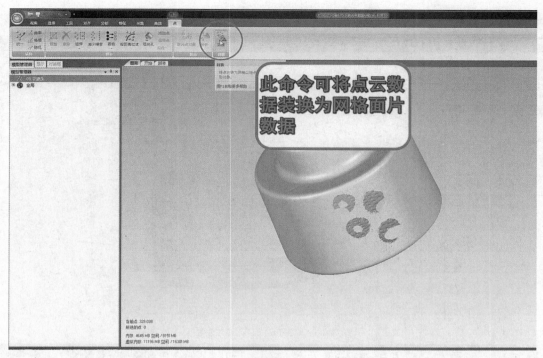

(a)

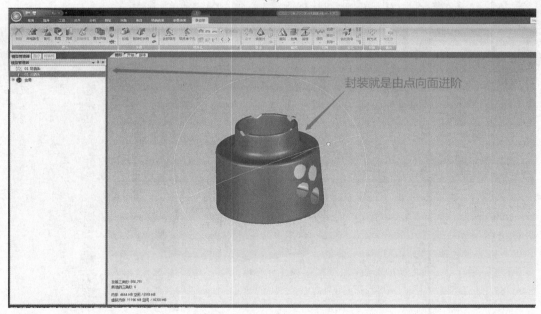

(b)

图 4.1.15　点云封装

步骤八:去除特征。选中破损面片区域,单击"去除特征"选项,自动修补破损面片。直到数据处理完成,如图 4.1.16 所示。

步骤九:完成数据处理并数据输出,格式为 stl.。

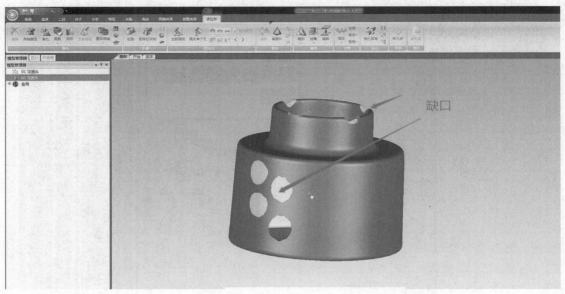

（a）

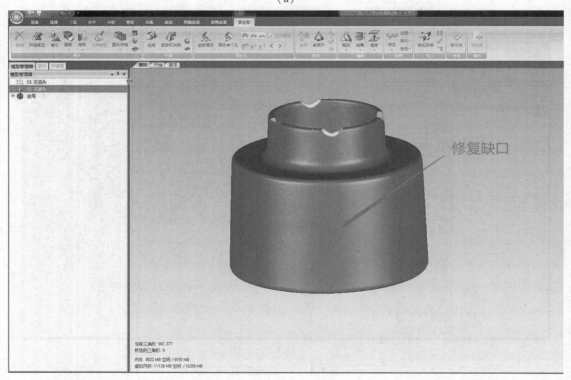

（b）

图 4.1.16　填补孔洞

项目单卡

表1　扫描前处理项目计划表

工序	工序内容
1	先检查_____、_____、_____、_____工具是否齐全
2	摇晃显像剂_____s,使其充分混合
3	喷嘴距离花洒_____均匀喷涂,喷粉过程中做到(□"匀、薄、细" □充分喷涂 □都可以)
4	

表2　扫描前处理自评表

评价项目	评价要点	符合程度		备注
学习工具	显像剂	□基本符合	□基本不符合	
	一次性手套	□基本符合	□基本不符合	
	棉签	□基本符合	□基本不符合	
	花洒头原型	□基本符合	□基本不符合	
学习目标	符合花洒头显像剂喷涂要求	□基本符合	□基本不符合	
	在喷粉过程中做到"匀、薄、细"	□基本符合	□基本不符合	
课堂6S	整理(Seire)	□基本符合	□基本不符合	
	整顿(Seition)	□基本符合	□基本不符合	
	清扫(Seiso)	□基本符合	□基本不符合	
	清洁(Seiketsu)	□基本符合	□基本不符合	
	素养(Shitsuke)	□基本符合	□基本不符合	
	安全(Safety)	□基本符合	□基本不符合	
评价等级	A	B	C	D	

项目小结

本项目主要讲述了初级案例数据采集以及点云数据处理的流程及操作。通过本项目的学习,可以使读者在数据采集前分析模型,学会数据采集的过程及方法并了解点云处理的重要性;通过项目的讲解和演示,掌握天远 OKIO 扫描仪数据采集的操作并能熟练处理扫描采集的点云数据。

任务 4.2　扳手数据处理

扳手　　　　　扳手案例三维扫描过程

4.2.1　数据引入

扳手是一种常用的安装与拆卸工具,其利用杠杆原理拧转螺栓、螺钉、螺母和其他螺纹,也可紧持螺栓或螺母的开口或套孔固件。扳手通常在柄部的一端或两端制有夹柄部,施加外力就能拧转螺栓或螺母,使用时沿螺纹旋转方向在柄部施加外力,就能拧转螺栓或螺母,如图 4.2.1 所示。

图 4.2.1　扳手

4.2.2　任务目标

(1)能力目标

①掌握显像剂的喷涂方法及注意事项。

②掌握 OKIO 扫描仪的标定校准。

③掌握 Geomagic Wrap 软件认识。

(2)知识目标

①了解显像剂喷涂。

②了解 OKIO 扫描仪的标定校准流程。

③了解 Geomagic Wrap 软件。

(3)素质目标

①具有严谨求实精神。

②具有个人实践创新能力。

③具备 6S 职业素养。

4.2.3　数据采集

(1)工具准备

工具准备见表 4.2.1。

表 4.2.1　工具准备表

工　具	图　示	用　途
扳手		用于数据采集
显像剂		防止被测物体反光导致无法采集数据
棉签		去除被测物局部显像剂,使标志点粘贴牢固
油泥		①固定物体方位:部分物体因特征或形状难以安放,所以使用油泥作为夹具使物体固定在转盘上方便扫描; ②作为辅助特征:对于回转物体,公共特征难以拼接,从而使用油泥增设特征,方便拼接特征,扫描点云拼接后把油泥点云删除即可

（2）喷粉

①手握显像剂,旋转摇晃 10～15 s,如图 4.2.2 所示。

图 4.2.2　旋转摇匀

②喷嘴距离模具 150～200 mm 均匀喷涂,如图 4.2.3 所示。

图 4.2.3　显像剂喷涂

注意：

①避免眼睛受伤和吸入灰尘,应戴防护眼镜和防尘口罩。

②如显像剂溅入眼里,应立即用清水洗 10 s,然后立即至医生处检查。

（3）贴标志

①使用棉签去除被测物局部显像剂。

②撕下标志点粘贴。

③完成粘贴如图 4.2.4 所示。

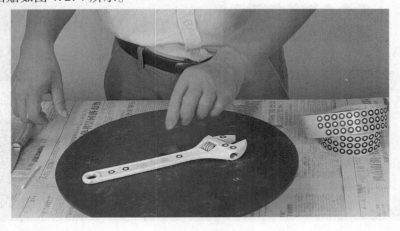

图 4.2.4　标志点

注意：

标志点一般贴在具体和容易识别的位置,如运动物体的基本骨架。

标志点模板建立后,不能随意增减标志点。

（4）扫描

步骤一:新建工程。启动设备后双击打开 3D Scan 软件,单击"新建工程"选项,命名文件及选择保存路径,单击"确定"按钮,如图 4.2.5 所示。

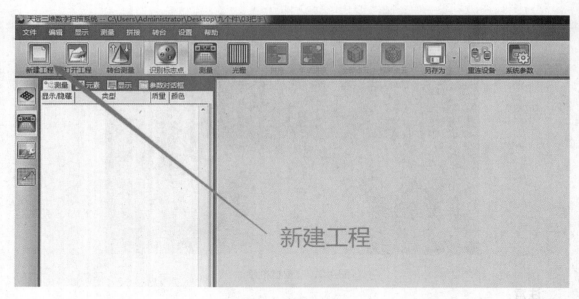

图 4.2.5　新建工程

步骤二:相机中显示出物体,单击"测量"选项,扫描仪开始采集物体数据,如图 4.2.6 所示。

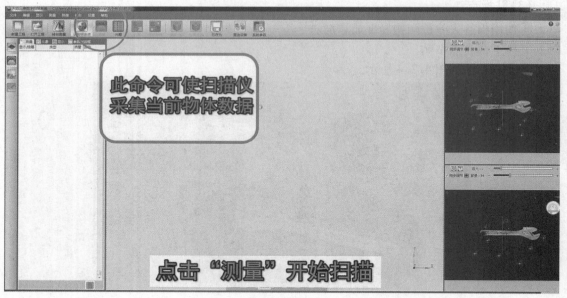

图 4.2.6　扫描测量

步骤三:扫描采集数据后,等待软件计算后主窗口显示扫描采集数据,如图 4.2.7 所示。

步骤四:扫描采集数据后对三维旋转模型进行观察,扫描仪识别到 4 个以上的标志点即可进行下一组数据采集并自动拼接。若存在特征扫描缺失的情况,可进行补充采集,直至数据采集完整为止,如图 4.2.8 所示。

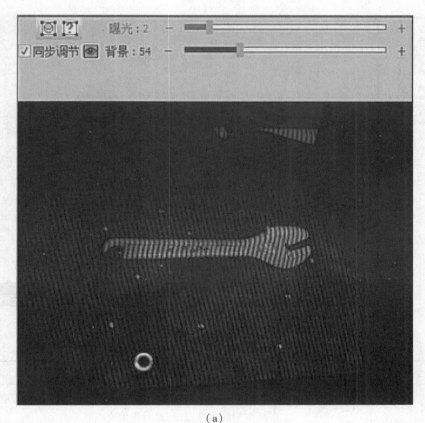

（a）

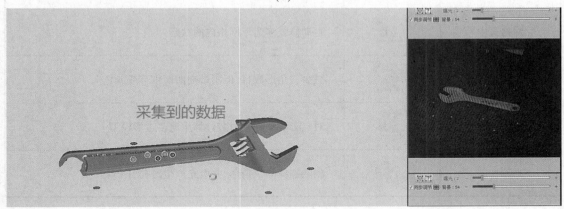

采集到的数据

（b）

图 4.2.7　数据采集

4.2.4　数据处理

（1）命令

常用命令见表 4.2.2。

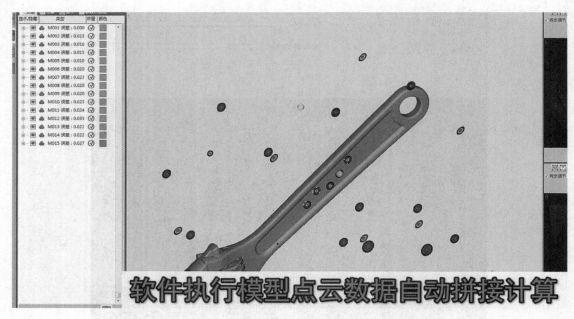

图 4.2.8 数据采集并拼接

表 4.2.2 常用命令表

命 令	图 标	作 用
补洞		填充孔命令用于在无序点对象上将有序点插入空隙,需要选择空洞的边缘点云,然后再填充点孔
网格医生		自动修复多边形网格内的缺陷
简化		减少三角形数目,但不影响曲面细节或颜色
点云封装		对点云数据进行封装计算生成多边形模型
去除特征		删除选择的三角形,并填充产生的孔

(2)数据处理过程

步骤一:导入文件。单击"导入"选项,选择.asc 文件,单击"打开"按钮,如图 4.2.9 所示。

步骤二:点云着色。单击"着色"选项中的"着色点",如图 4.2.10 所示。

步骤三:删除非连接项。单击"选择"中的"非连接项",分隔设置为"低",尺寸设置为"5.0"。选择完成后按 Delete 键删除,如图 4.2.11 所示。

步骤四:删除体外弧点。单击"选择"中的"体外弧点",敏感度设置为"85.0"。选择完成后按 Delete 删除,如图 4.2.12 所示。

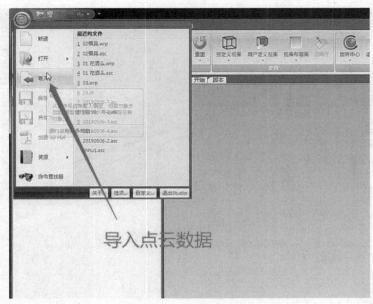

图 4.2.9　导入文件

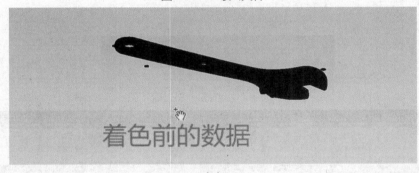

（a）

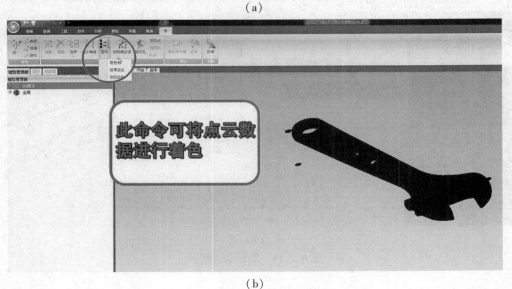

（b）

图 4.2.10　点云着色

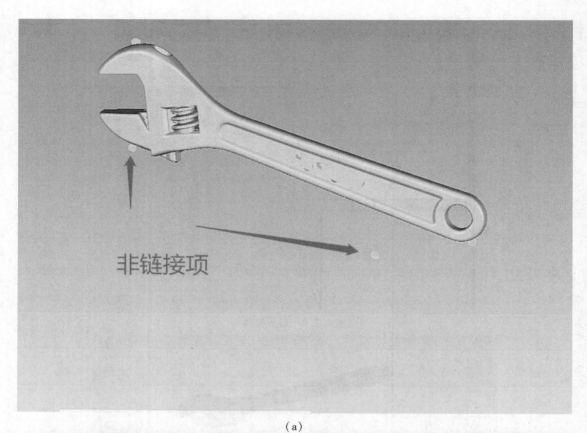

（a）

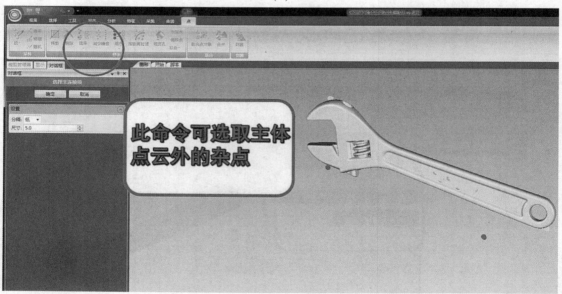

（b）

图 4.2.11 删除非连接项

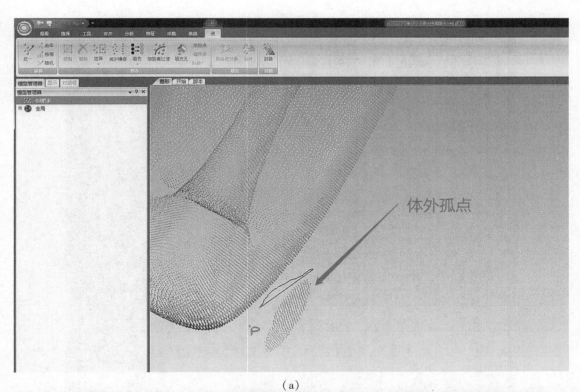

（a）

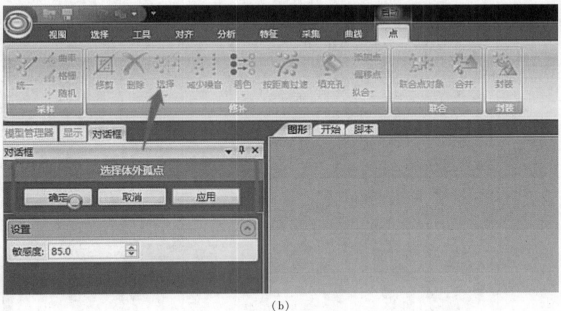

（b）

图 4.2.12　删除体外孤点

步骤五：通过观察缩放视图后发现，存在明显的杂点，需进行手动删除。按住鼠标左键框选择杂点，按 Delete 键删除，如图 4.2.13 所示。

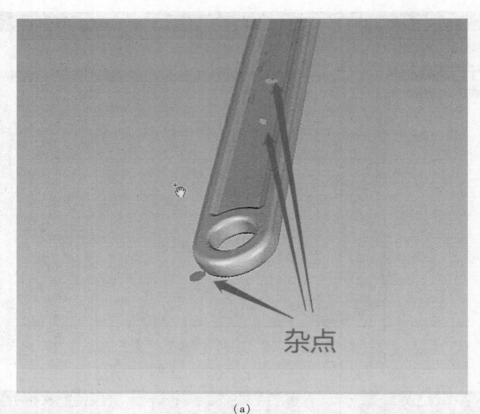

杂点

(a)

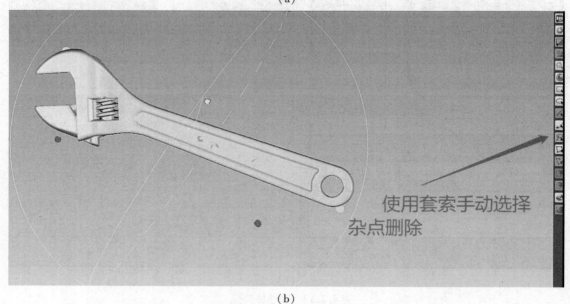

使用套索手动选择
杂点删除

(b)

图 4.2.13　手动删除杂点

　　步骤六:减少噪音。单击"减少噪音",迭代设置为"5",偏差限制设置为"0.05"。减少噪音可将同一曲率上偏离主体点云过大的点去除,如图 4.2.14 所示。

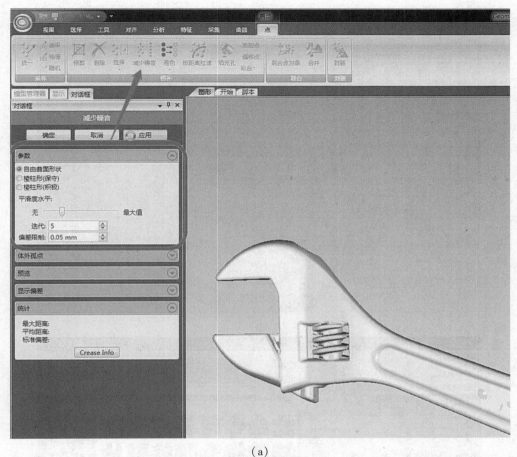

(a)

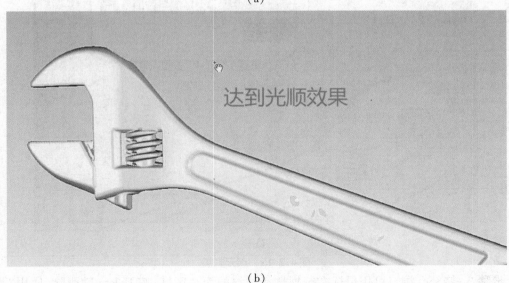

达到光顺效果

(b)

图 4.2.14 减少噪音

步骤七:点云封装。单击"封装"选项,按照默认参数设置,点云数据转换为网格面片,如图 4.2.15 所示。

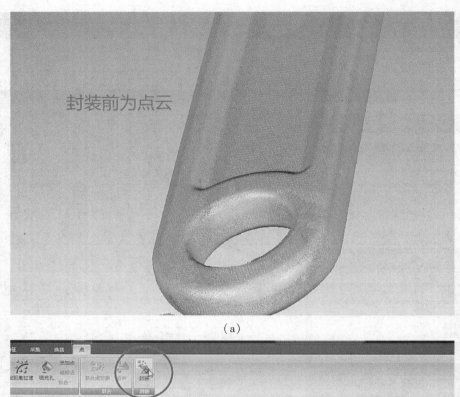

(a)

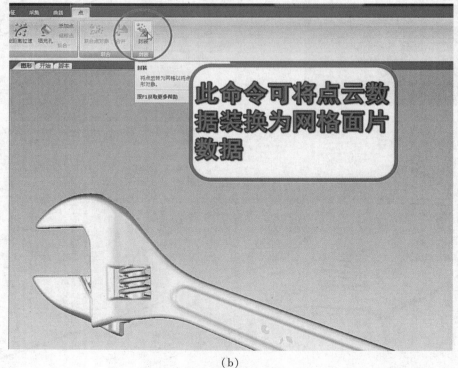

(b)

图 4.2.15　点云封装

步骤八:修补孔洞。可用鼠标左键框选择破损的面片区域,按 Delete 键删除,使用"填充单个孔"命令将孔洞自动填补。直到数据处理完成,如图 4.2.16 所示。

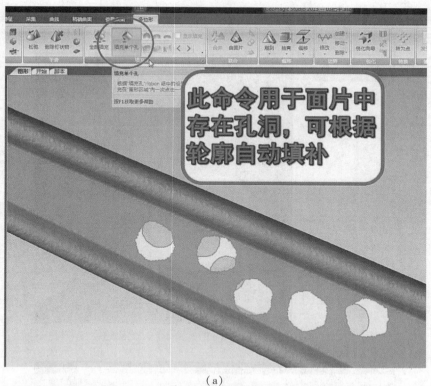

（a）

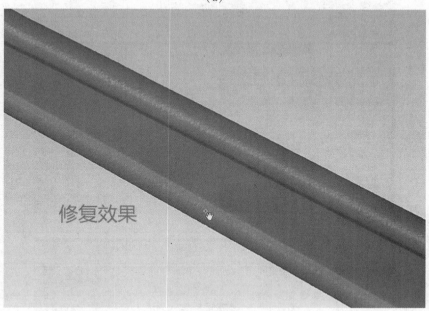

（b）

图 4.2.16 填补孔洞

步骤九：简化。单击"简化"选项，选择"三角形计数"，减少百分比设置为"80"。简化功能可将面片简化至目标值，如图4.2.17所示。

步骤十：完成数据处理并数据输出，格式为 stl.。

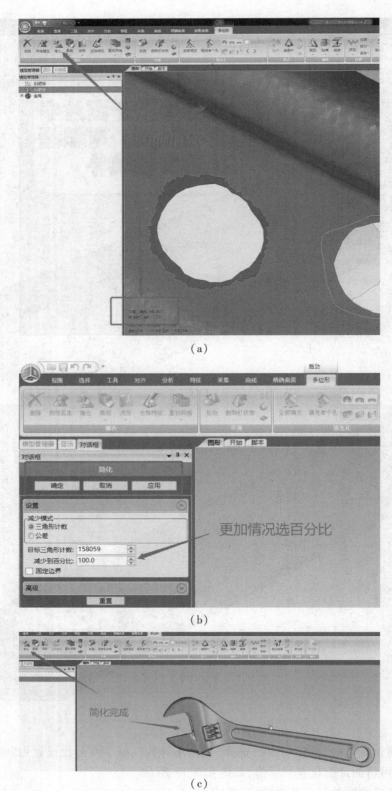

(a)

(b)

(c)

图 4.2.17　简化

项目单卡

表1 扫描前处理项目计划表

工　序	工序内容
1	尽量贴在工件的_____或_____的曲面,且距离工件边界较远一些
2	公共标志点至少为_____个
3	标志点不要贴在一条_____上,且一定避免_____粘贴
4	粘贴的标志点要保证扫描策略的顺利实施,并使标志点在_____、_____、_____方向均应合理分布
5	不宜喷涂_____,以免造成扫描误差

表2 扫描前处理自评表

评价项目	评价要点	符合程度		备注
学习工具	显像剂	□基本符合	□基本不符合	
	一次性手套	□基本符合	□基本不符合	
	棉签	□基本符合	□基本不符合	
	扳手原型	□基本符合	□基本不符合	
	标志点	□基本符合	□基本不符合	
学习目标	符合扳手显像剂喷涂要求	□基本符合	□基本不符合	
	公共标志点至少为3个	□基本符合	□基本不符合	
课堂6S	整理(Seire)	□基本符合	□基本不符合	
	整顿(Seition)	□基本符合	□基本不符合	
	清扫(Seiso)	□基本符合	□基本不符合	
	清洁(Seiketsu)	□基本符合	□基本不符合	
	素养(Shitsuke)	□基本符合	□基本不符合	
	安全(Safety)	□基本符合	□基本不符合	
评价等级	A	B	C	D

项目小结

本项目主要讲述了初级案例数据采集以及点云数据处理的流程及操作。通过本项目的学习,读者能够在数据采集前掌握好采集模型的前处理,完成模型显像剂的喷涂及标志点的粘贴。通过项目的讲解和演示,掌握天远 OKIO 扫描仪数据采集的镜头选择并能处理扫描采集的点云数据。

任务 4.3 简易模具数据处理

4.3.1 数据引入

模具是用来制作成型物品的工具,这种工具由各种零件构成,不同的模具由不同的零件构成。它主要通过所成型材料物理状态的改变来实现物品外形的加工,素有"工业之母"的称号。其广泛用于冲裁、模锻、冷镦、挤压、粉末冶金件压制、压力铸造,以及工程塑料、橡胶、陶瓷等制品的压塑或注塑的成型加工中。模具一般包括动模和定模(凸模和凹模)两个部分,二者可分可合。模具生产的发展水平是机械制造水平的重要标志之一,简易模具如图 4.3.1 所示。

图 4.3.1 简易模具

4.3.2 任务目标

(1)能力目标

①掌握显像剂对模型喷涂的作用。

②掌握 OKIO 扫描仪数据采集原理。

③掌握数据处理的基本流程。

（2）知识目标

①了解显像剂对模型喷涂要求。

②了解各种三维扫描仪采集原理。

③了解数据处理的作用。

（3）素质目标

①具有严谨求实的精神。

②具有个人实践创新的能力。

③具备6S职业素养。

4.3.3　数据采集

（1）工具准备

工具准备见表4.3.1。

表4.3.1　工具准备表

工　具	图　示	用　途
模具		用于数据采集
手套	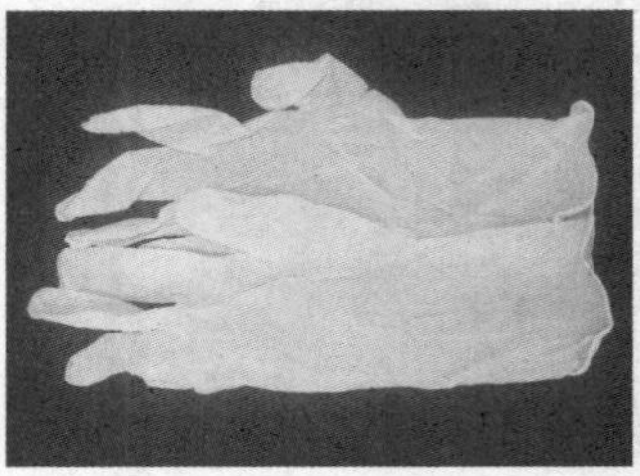	①防止手和模具之间接触引起显像剂的掉落 ②保护手
显像剂		防止被测物体反光导致无法采集数据

续表

工　具	图　示	用　途
棉签		去除被测物局部显像剂,使标志点粘贴牢固
油泥		①固定物体方位:部分物体因特征或形状难以安放,所以使用油泥作为夹具使物体固定在转盘上方便扫描; ②作为辅助特征:对于回转物体,公共特征难以拼接,从而使用油泥增设特征,以方便拼接特征,扫描点云拼接后把油泥点云删除即可

（2）喷粉

1）显像剂的使用

第一步:双手戴好手套,防止显像剂渗入皮肤,如图4.3.2所示。

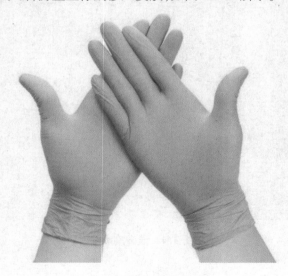

图4.3.2　戴手套

第二步:揭开显像剂盖子后充分摇匀,以防沉淀物的累积,如图4.3.3所示。

第三步:在距离简易模具15～20 cm处开始喷涂显像剂,如图4.3.4所示。

第四步:喷涂薄薄一层显像剂即可。喷涂时切勿喷涂过多,以免影响模型特征,如图4.3.5所示。

61

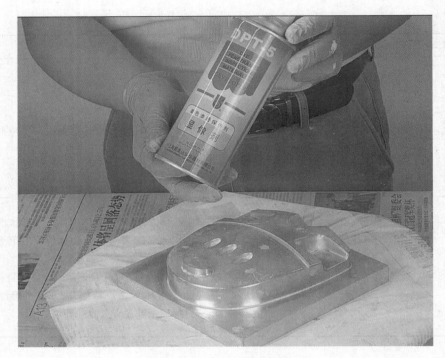

图 4.3.3　旋转摇匀

图 4.3.4　显像剂喷涂

注意：

喷涂前一定要摇晃均匀。

不宜喷涂过厚，以免造成扫描误差。

喷涂均匀，不要局部过厚。

图4.3.5 显像剂喷涂完成

(3)贴标志

①使用棉签去除简易模具的局部显像剂,如图4.3.6所示。

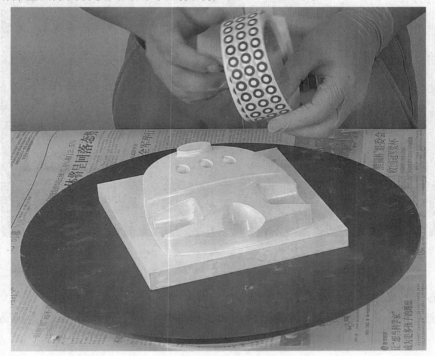

图4.3.6 标志点粘贴

②撕下标志点粘贴,如图4.3.7所示。

③完成粘贴标志点,如图4.3.8所示。

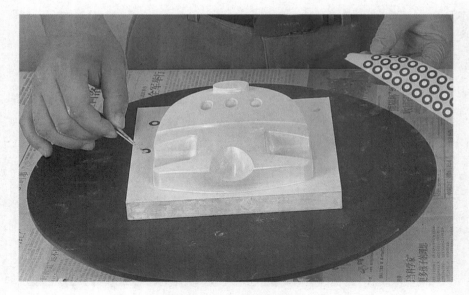

图 4.3.7 标志点粘贴

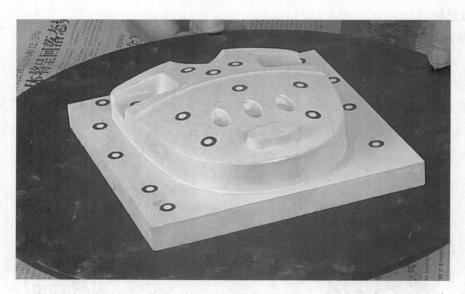

图 4.3.8 粘贴完成

注意:

①标志点不宜粘贴在特征处,以免影响后期的数据处理。

②标志点要尽量贴在简易模具表面的平面区域或曲率较小的曲面,且距离简易模具边界较远一些。

(4)扫描

步骤一:新建工程。启动设备后双击打开 3D Scan 软件,单击"新建工程"选项,命名文件及选择保存路径,单击"确定"按钮,如图 4.3.9 所示。

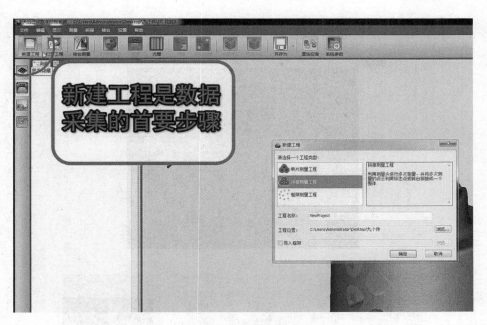

图4.3.9　新建工程

步骤二:相机中显示出物体,单击"测量"选项,扫描仪开始采集物体数据,如图4.3.10所示。

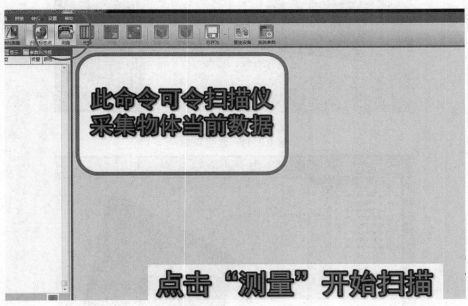

图4.3.10　扫描测量

步骤三:扫描采集数据后,等待软件计算后主窗口显示扫描采集数据,如图4.3.11所示。

步骤四:扫描采集数据后对三维旋转模型进行观察,扫描仪识别到4个以上的标志点即可进行下一组数据采集并自动拼接。若存在特征扫描缺失的情况,可进行补充采集,直至数据采集完整为止,如图4.3.12所示。

步骤五:导出数据。

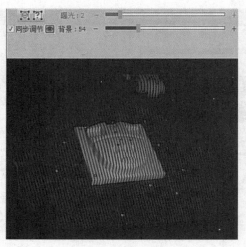

（a）

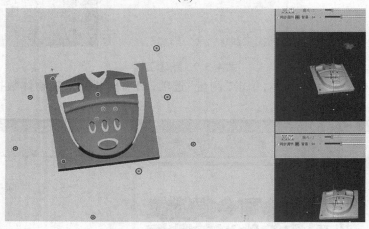

（b）

图 4.3.11　数据采集

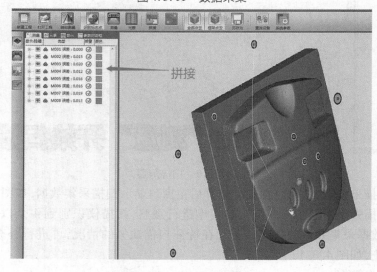

图 4.3.12　数据采集并拼接

4.3.4 数据处理

(1)命令

常用命令见表4.3.2。

表4.3.2 常用命令表

命 令	图 标	作 用
修改	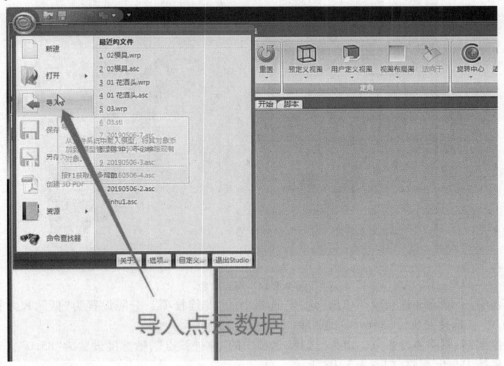	可以在多边形上编辑边界、松弛边界
裁剪		裁剪,可使用平面、曲面、薄片进行裁剪,在交点处创建一个人工边界
雕刻		雕刻,以交互的方式改变多边形的形状,可采用雕刻刀,曲线雕刻或使区域变形的方法
快速光顺		使多边形网格(或所选部分)更加平滑并使三角形大小一致

(2)数据处理过程

步骤一:导入文件。单击"导入"选项,选择.asc文件,单击"打开"选项,如图4.3.13所示。

图4.3.13 导入文件

步骤二:点云着色。单击"着色"选项中的"着色点",如图4.3.14所示。

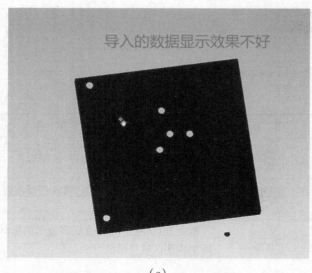

（a）

（b）

图 4.3.14　点云着色

　　步骤三：删除非连接项。单击"选择"选项中的"非连接项"，分隔设置为"低"，尺寸设置为"5.0"。选择完成后按 Delete 键删除，如图 4.3.15 所示。

　　步骤四：删除体外弧点。单击"选择"选项中的"体外弧点"，敏感度设置为"85.0"。选择完成后按 Delete 删除，如图 4.3.16 所示。

　　步骤五：减少噪音。单击"减少噪音"，迭代设置为"5"，偏差限制设置为"0.05"。减少噪音可将同一曲率上偏离主体点云过大的点去除，如图 4.3.17 所示。

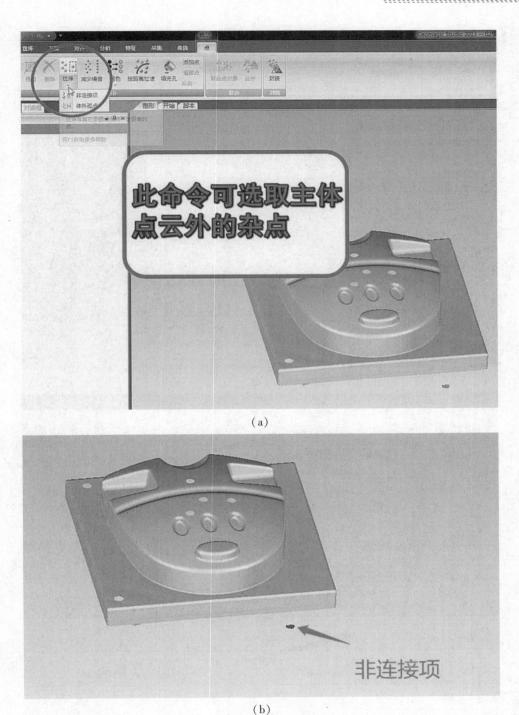

(a)

(b)

图4.3.15　删除非连接项

步骤六：点云封装。单击"封装"选项，按照默认参数设置，点云数据转换为网格面片，如图4.3.18所示。

步骤七：填充孔洞。可使用鼠标左键框选破损的面片区域，按Delete键删除，使用"全部填充"命令将孔洞自动填补。直到数据处理完成，如图4.3.19所示。

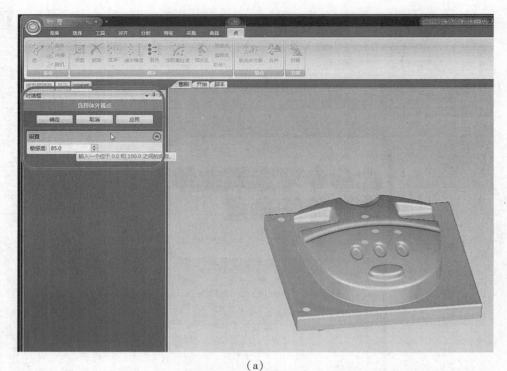

(a)

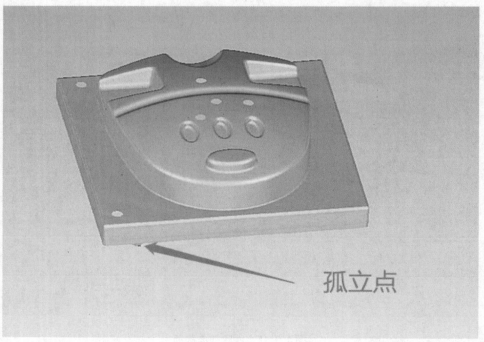

孤立点

(b)

图 4.3.16　删除体外孤点

　　步骤八:快速光顺。直接默认选择全部,单击快速光顺选项。快速光顺可以使面片更加光顺、规整,如图 4.3.20 所示。

　　步骤九:完成数据处理并数据输出,格式为 stl.。

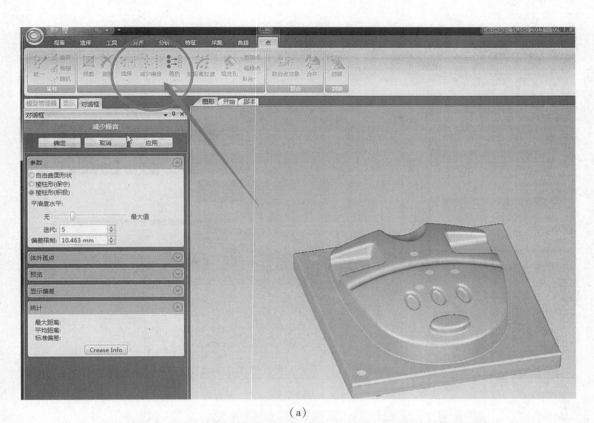

（a）

（b）

图 4.3.17 减少噪音

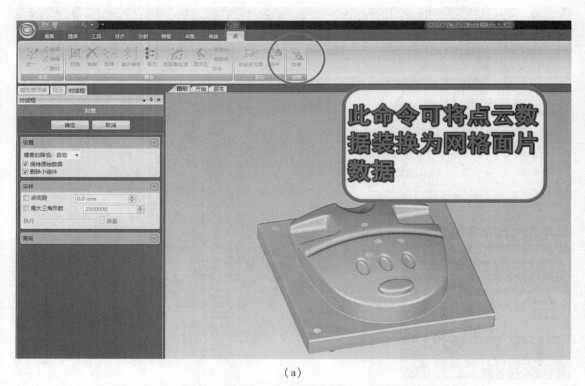

（a）

（b）

图 4.3.18　点云封装

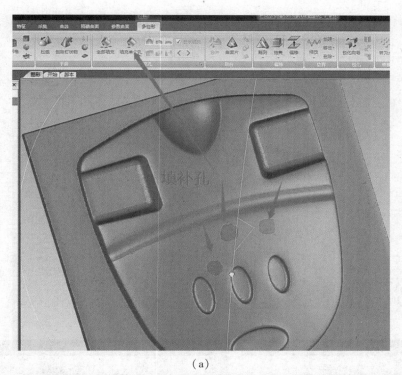

（a）

（b）

图 4.3.19　填补孔洞

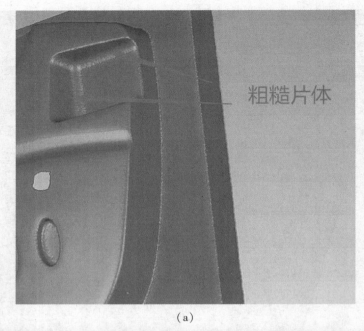

（a）

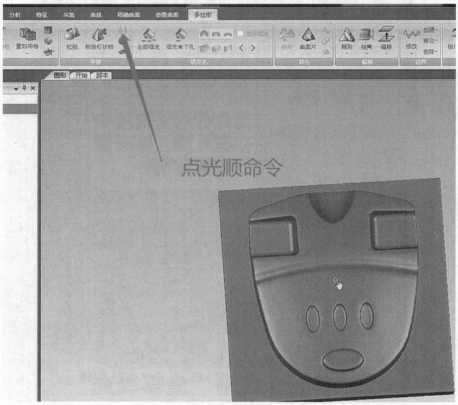

（b）

图 4.3.20　快速光顺

项目单卡

表1 扫描前处理项目计划表

工序	工序内容
1	先检查_____、_____、_____、_____工具是否齐全
2	摇晃显像剂_____s,使其充分混合
3	喷嘴距离简易模具_____均匀喷涂,喷粉过程中做到(□"匀、薄、细" □充分喷涂 □都可以)
4	标定点需使用_____捏夹
5	公共特征区域需显示至少_____个点

表2 扫描前处理自评表

评价项目	评价要点	符合程度		备注
学习工具	显像剂	□基本符合	□基本不符合	
	一次性手套	□基本符合	□基本不符合	
	棉签	□基本符合	□基本不符合	
	标志点	□基本符合	□基本不符合	
	简易模具原型	□基本符合	□基本不符合	
学习目标	符合简易模具显像剂喷涂要求	□基本符合	□基本不符合	
	公共标志点特征区域需显示至少4个点;贴点不能出现重叠或粘贴到特征区域处	□基本符合	□基本不符合	
课堂6S	整理(Seire)	□基本符合	□基本不符合	
	整顿(Seition)	□基本符合	□基本不符合	
	清扫(Seiso)	□基本符合	□基本不符合	
	清洁(Seiketsu)	□基本符合	□基本不符合	
	素养(Shitsuke)	□基本符合	□基本不符合	
	安全(Safety)	□基本符合	□基本不符合	
评价等级	A	B	C	D

项目小结

本项目主要讲述了初级案例数据采集以及点云数据处理的流程及操作。通过本项目的学习,使读者能够在数据采集中注意数据完整性,完成数据的采集。通过项目的讲解和演示,掌握天远 OKIO 扫描仪数据采集的完整性及避免出现数据缺失现象的方法,并能熟练处理扫描采集的点云数据。

任务 4.4　车门把手数据处理

4.4.1　数据引入

车门把手的结构可用于开启或关闭车门,车门外开把手结构包括车门外板、把手、把手端盖以及设于车门外板内侧的支架,车门外板上设有第一通孔和第二通孔,把手的根部穿过第一通孔与支架铰接,把手的端部设有卡钩,卡钩穿过第二通孔与支架相连,把手端盖穿过第二通孔同支架相连,如图 4.4.1 所示。

图 4.4.1　车门把手

4.4.2　任务目标

(1)能力目标

①掌握 OKIO 扫描仪数据采集。

②掌握数据采集误差出现原因并处理好。

③掌握 Geomagic Wrap 软件初级命令。

(2)知识目标

①了解 OKIO 扫描仪数据采集流程。

②了解数据采集误差分析。

③了解 Geomagic Wrap 软件界面。

(3)素质目标

①具有严谨求实的精神。

②具有个人实践创新的能力。

③具备 6S 职业素养。

4.4.3　数据采集

（1）工具准备

工具准备见表4.4.1。

表4.4.1　工具准备表

工　具	图　示	用　途
车门把手		用于数据采集
显像剂		防止被测物体反光导致无法采集数据
棉签	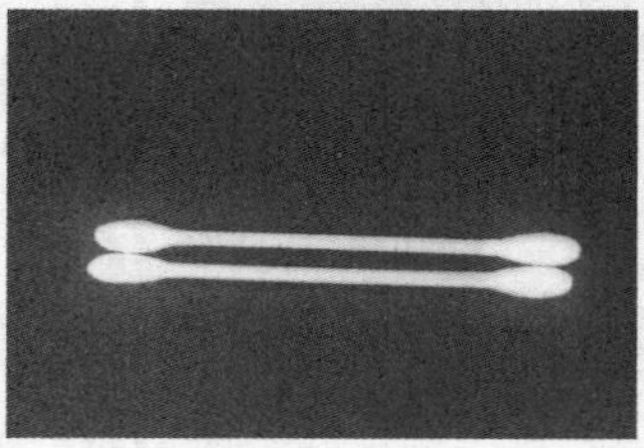	去除被测物局部显像剂，使标志点粘贴牢固
油泥		①固定物体方位：部分物体因特征或形状难以安放，所以使用油泥作为夹具使物体固定在转盘上方便扫描；②作为辅助特征：对于回转物体，公共特征难以拼接，从而使用油泥增设特征，方便拼接特征，扫描点云拼接后把油泥点云删除即可

（2）喷粉

①手握显像剂，旋转摇晃 10~15 s，如图 4.4.2 所示。

78

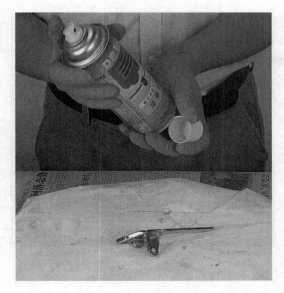

图 4.4.2　旋转摇匀

②喷嘴距离模具 150 ~ 200 mm 均匀喷涂。

图 4.4.3　显像剂喷涂

注意:

喷粉前一定要摇晃均匀。

不宜喷涂过厚,以免造成扫描误差。

喷涂均匀,不要局部过厚。

(3) 贴标志

①使用棉签去除被测物局部显像剂。

②撕下标志点粘贴。

③完成标志点粘贴。如图 4.4.4 所示。

图4.4.4　标志点

注意:

①标志点应使相机在尽可能多的角度可以同时看到。

②公共标志点至少需要4个,由于图像质量、拍摄角度的多方面原因,有些标志点不能正确识别,因而建议用尽可能多的标志点,一般5~7个为宜。

(4)扫描

步骤一:新建工程。启动设备后双击打开3D Scan软件,单击"新建工程"选项,命名文件及选择保存路径,单击"确定"按钮。如图4.4.5所示。

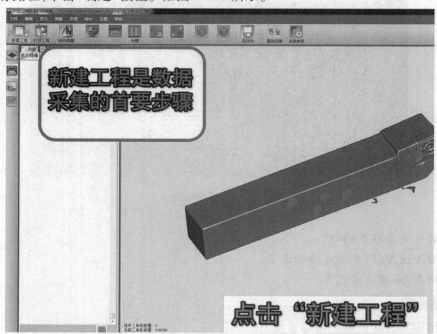

图4.4.5　新建工程

步骤二:相机中显示物体,单击"测量"选项,扫描仪开始采集物体数据,如图4.4.6所示。

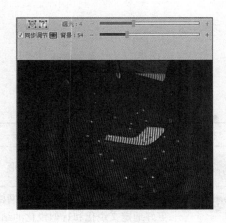

图 4.4.6　扫描测量

步骤三:扫描采集数据后,等待软件计算后主窗口显示扫描采集数据,如图 4.4.7 所示。

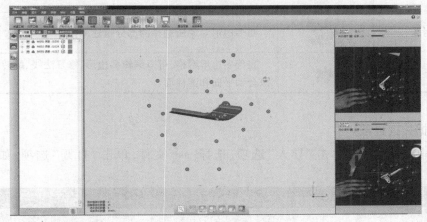

图 4.4.7　数据采集

步骤四:扫描采集数据后对三维旋转模型进行观察,扫描仪识别到 4 个以上的标志点即可进行下一组数据采集并自动拼接。若存在特征扫描缺失的情况,可进行补充采集,直至数据采集完整为止,如图 4.4.8 所示。

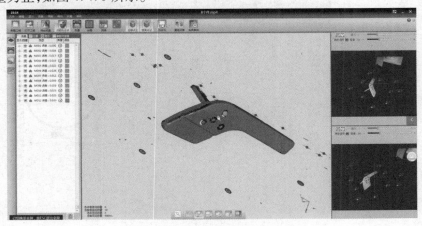

图 4.4.8　数据采集并拼接

4.4.4 数据处理

(1)命令

常用命令见表4.4.2。

表4.4.2 常用命令表

命　令	图　标	作　用
流行		创建流行,删除非流行三角形
优化边界		优化边缘,对选择的多边形网格重分,不必移动底层点以试图更好地定义锐化和近似锐化的结构
细化		细化,在所选的区域内增加多边形的数据
重新封装		在多边形对象所选择的部分重建网格
修复		完善多边形网格,可以编辑多边形、修复法线、翻转法线、将点拟合到平面和圆柱面

(2)数据处理过程

步骤一:导入文件。单击"导入"选项,选择.asc文件,单击"打开"选项,如图4.4.9所示。

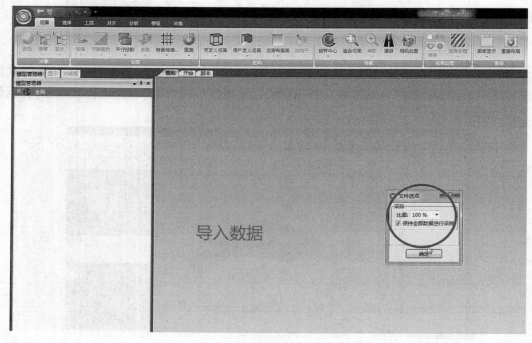

图4.4.9 导入文件

步骤二:点云着色。单击"着色"选项中的"着色点",如图4.4.10所示。

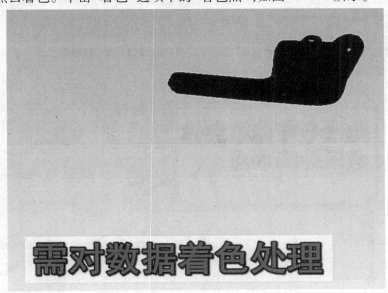

(a)

(b)

图4.4.10 点云着色

步骤三:删除非连接项。单击"选择"选项中的"非连接项",分隔设置为"低",尺寸设置为"5.0"。选择完成后按 Delete 键删除,如图4.4.11所示。

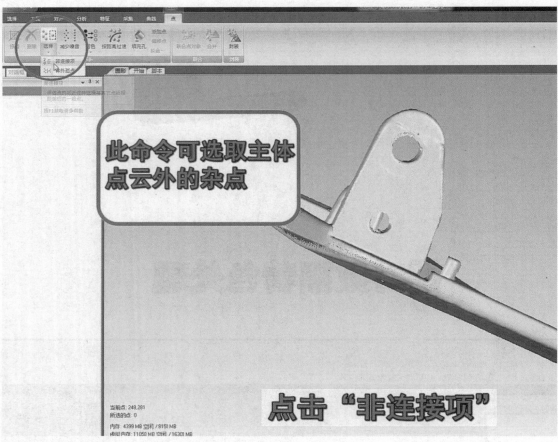

(a)

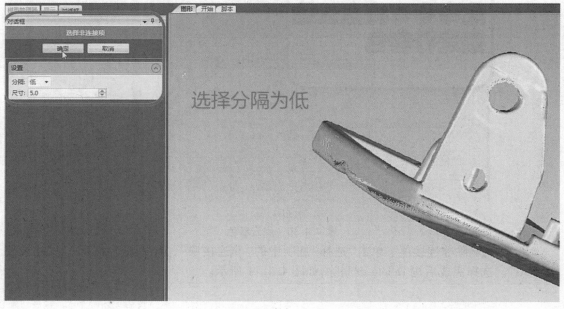

(b)

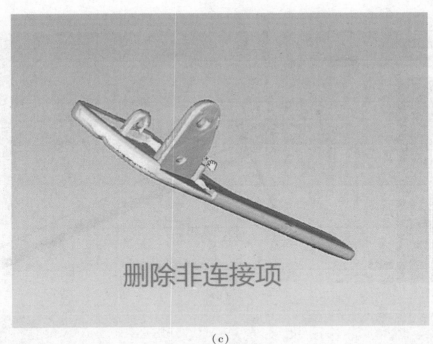

（c）

图 4.4.11 删除非连接项

步骤四：删除体外弧点。单击"选择"选项中的"体外弧点"，敏感度设置为"85.0"。选择完成后按 Delete 键删除，如图 4.4.12 所示。

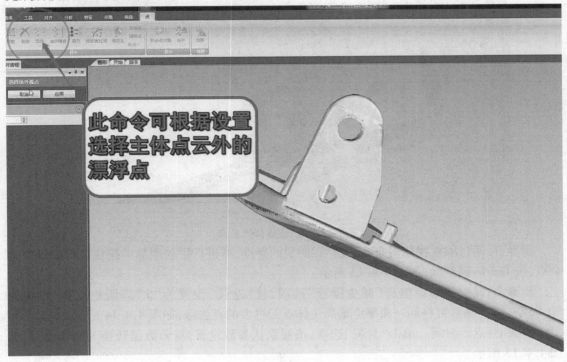

（a）

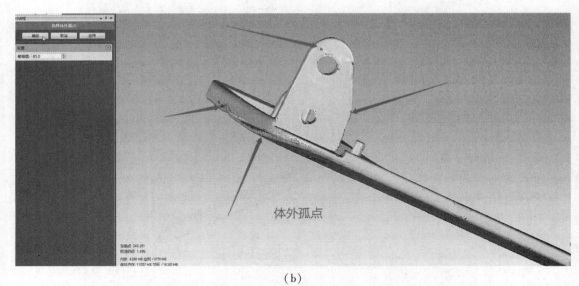

（b）

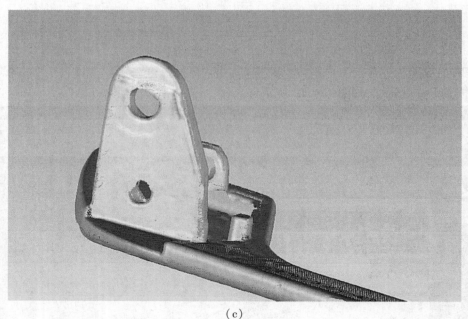

（c）

图 4.4.12　删除体外孤点

步骤五：通过缩放视图观察，发现存在明显的杂点，需进行手动删除。按住鼠标左键框选杂点，按 Delete 键删除，如图 4.4.13 所示。

步骤六：减少噪音。单击"减少噪音"选项，将"迭代"设置为"5"，"偏差限制"设置为"0.05"。减少噪音可将同一曲率上偏离主体点云过大的点去除，如图 4.4.14 所示。

步骤七：点云封装。单击"封装"选项，按照默认参数设置，点云数据转换为网格面片，如图 4.4.15 所示。

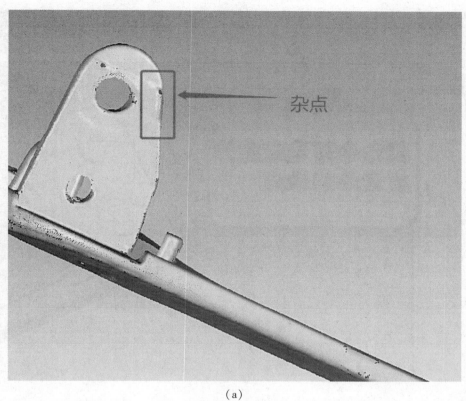

杂点

（a）

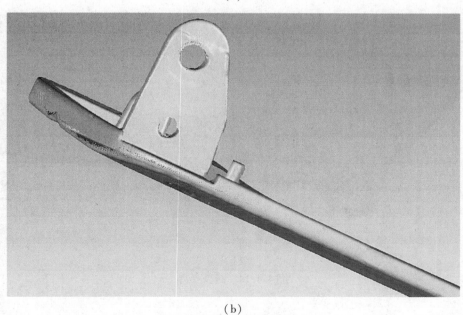

（b）

图4.4.13 手动删除杂点

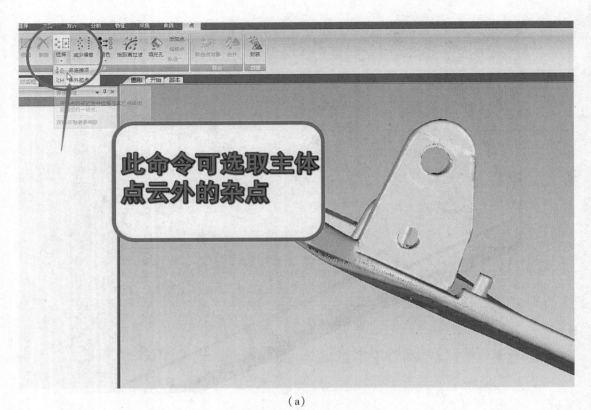

（a）

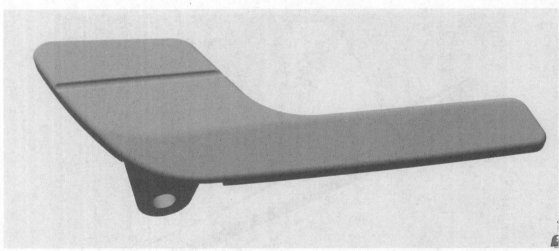

（b）

图4.4.14 减少噪音

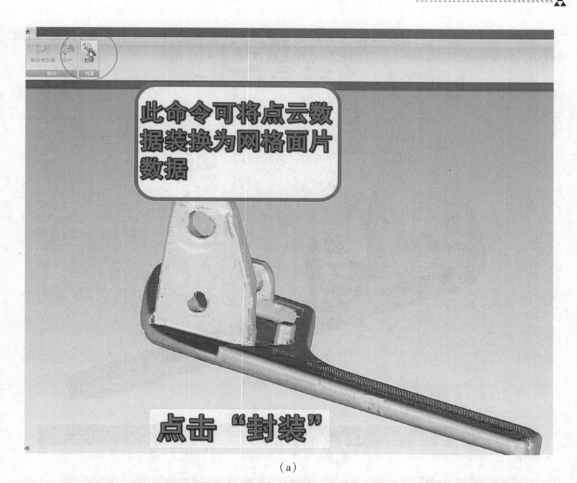

（a）

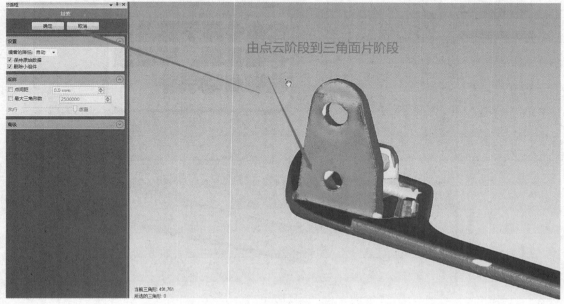

（b）

图 4.4.15　点云封装

步骤八：修补孔洞。可使用鼠标左键框选破损的面片区域，按 Delete 键删除，使用"填充单个孔"命令将孔洞自动填补。直到数据处理完成，如图 4.4.16 所示。

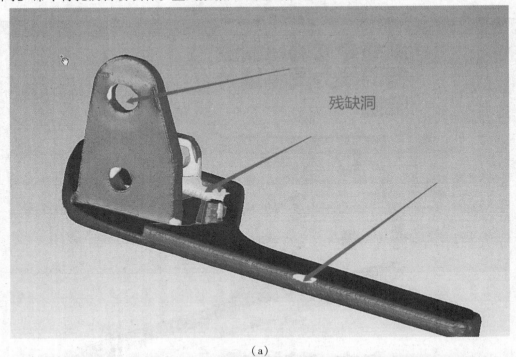

（a）

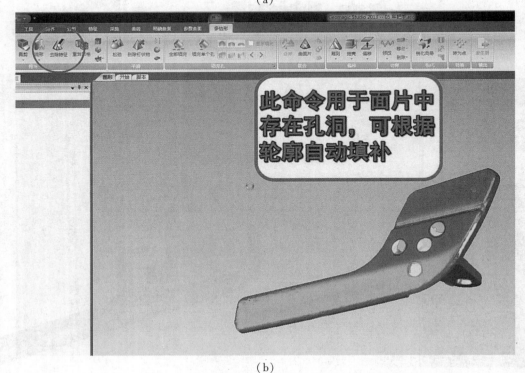

（b）

图 4.4.16 填补孔洞

步骤九:删除钉状物。单击删除钉状物,将"平滑级别"设置为"50"(可根据作图需求适当更改)。

删除钉状物可将多边形网格上的单点尖峰平展光滑,如图 4.4.17 所示。

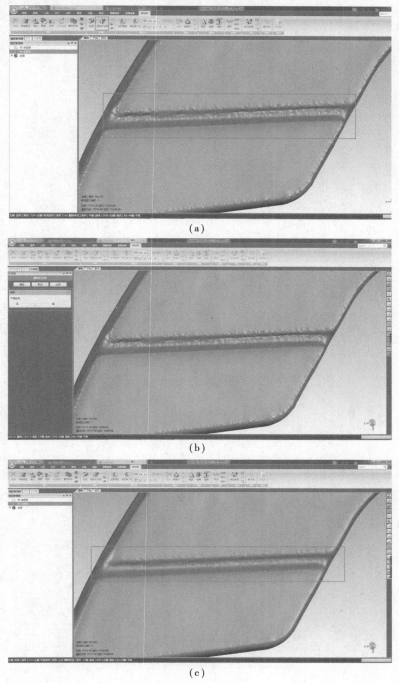

(a)

(b)

(c)

图 4.4.17　删除钉状物

步骤十:完成数据处理并数据输出,格式为 stl. 。

项目单卡·

表1　扫描前处理项目计划表

工序	工序内容
1	尽量贴在工件的_____或_____的曲面,且距离工件边界较远一些。
2	公共标志点至少为_____个。
3	标志点不要贴在一条_____上,且一定避免_____粘贴
4	粘贴的标志点要保证扫描策略的顺利实施,并使标志点在_____、_____、_____方向均应合理分布。
5	不宜喷涂_____,以免造成扫描误差。

表2　扫描前处理自评表

评价项目	评价要点	符合程度		备注
学习工具	显像剂	□基本符合	□基本不符合	
	一次性手套	□基本符合	□基本不符合	
	棉签	□基本符合	□基本不符合	
	汽车把手原型	□基本符合	□基本不符合	
	标志点	□基本符合	□基本不符合	
学习目标	符合汽车把手显像剂喷涂要求	□基本符合	□基本不符合	
	公共标志点至少为3个	□基本符合	□基本不符合	
课堂6S	整理(Seire)	□基本符合	□基本不符合	
	整顿(Seition)	□基本符合	□基本不符合	
	清扫(Seiso)	□基本符合	□基本不符合	
	清洁(Seiketsu)	□基本符合	□基本不符合	
	素养(Shitsuke)	□基本符合	□基本不符合	
	安全(Safety)	□基本符合	□基本不符合	
评价等级	A	B	C	D	

项目小结

本项目主要讲述了初级案例数据采集以及点云数据处理的流程及操作。通过本项目的学习,使读者在数据采集前分析模型,学会数据采集的过程及方法并了解点云处理的重要性;通过项目的讲解和演示,掌握天远 OKIO 扫描仪数据采集的操作并能熟练处理扫描采集的点云数据。

任务4.5 多孔排插数据处理

4.5.1 数据引入

随着家庭电器的日渐丰富化和多样化,家庭插座更偏向于有多个插孔的排插。如今的排插不仅起着将一个市电插头转换成几个的作用,而是起着保护用电设备,甚至是控制用电设备的功能,如图 4.5.1 所示。

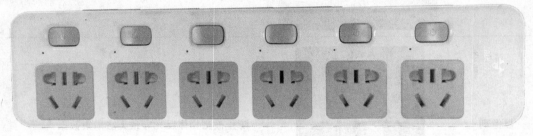

图 4.5.1 多孔排插

4.5.2 任务目标

(1)能力目标

①掌握 OKIO 扫描仪的处理扫描误差的能力。

②使用 OKIO 扫描仪采集模型点云数据。

③掌握 Geomagic Wrap 软件数据处理流程。

④掌握 Geomagic Wrap 软件数据处理命令。

(2)知识目标

①了解 OKIO 扫描仪出现误差的原因。

②了解 OKIO 扫描仪是如何采集数据的。

③了解数据处理的操作流程。

④了解数据处理的命令。

(3)素质目标

①具有严谨求实精神。

②具有个人实践创新的能力。

③具备6S职业素养。

4.5.3 数据采集

(1)工具准备

工具见表4.5.1。

表 4.5.1 工具表

工 具	图 示	用 途
多孔排插		用于数据采集
手套	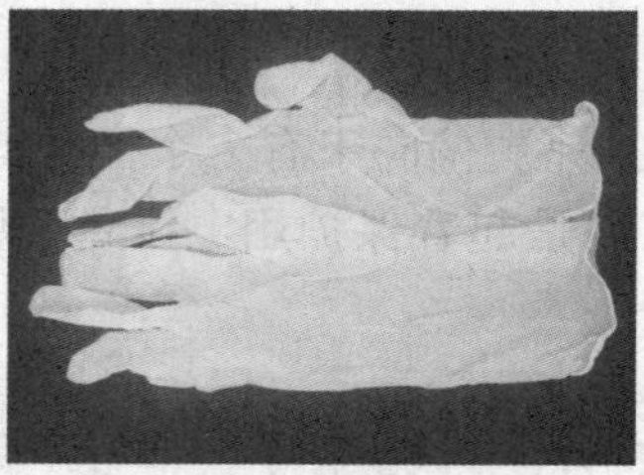	①防止手和扳手之间接触引起显像剂的掉落； ②保护手
显像剂		防止被测物体反光导致无法采集数据
棉签	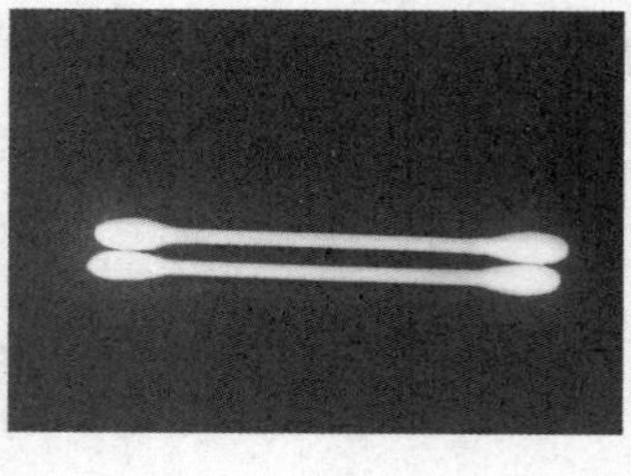	去除被测物局部显像剂,使标志点粘贴牢固
油泥		固定物体方位:部分物体因特征或形状难以安放,所以使用油泥作为夹具将物体固定在转盘上方便扫描; 作为辅助特征:对于回转物体,公共特征难以拼接,从而用油泥增设特征,方便拼接特征,扫描点云拼接后把油泥点云删除即可

(2)喷粉

①手握显像剂,旋转摇晃 10 ~ 15 s,如图 4.5.2 所示。

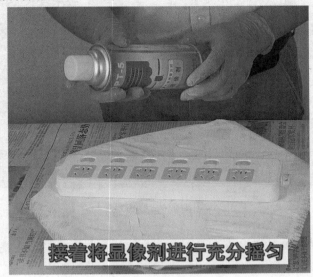

图 4.5.2 旋转摇匀

②喷嘴距离模具 150 ~ 200 mm 均匀喷涂,如图 4.5.3 所示。

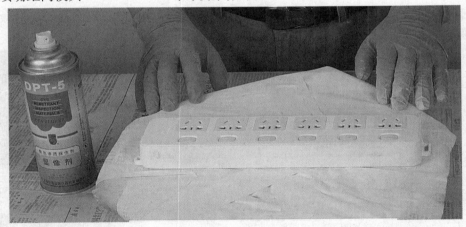

图 4.5.3 显像剂喷涂

注意:

①显像剂应存放在温度低且通风干燥之处,远离热源,避免日光直接照射并隔绝火种。

②喷涂场所应具有良好的通风条件。

(3)贴标志

①使用棉签去除被测物局部显像剂。

②撕下标志点粘贴。

③完成粘贴,如图 4.5.4 所示。

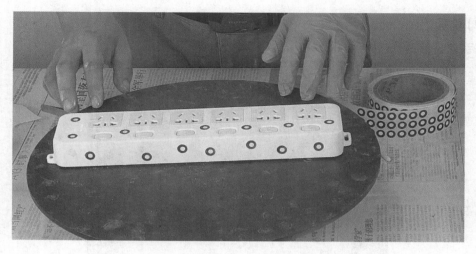

图4.5.4　标志点

注意:

①标志点要保证扫描策略的顺利实施,并使标志点在长度、宽度、高度方向均应合理分布,保证全局拼接的使用。

②标志点不要贴在一条直线上,并且尽量要不对称粘贴。

(4)扫描

步骤一:新建工程。启动设备后双击打开 3D Scan 软件,单击"新建工程"选项,命名文件及选择保存路径,单击"确定"按钮,如图4.5.5 所示。

图4.5.5　新建工程

步骤二:相机中显示出物体,单击"测量"选项,扫描仪开始采集物体数据,如图4.5.6所示。

步骤三:扫描采集数据后,等待软件计算后主窗口显示扫描采集数据,如图4.5.7所示。

步骤四:扫描采集数据后对三维旋转模型进行观察,扫描仪识别到 4 个以上的标志点即可进行下一组数据采集并自动拼接。若存在特征扫描缺失的情况,可进行补充采集,直至数据采集完整为止,如图4.5.8所示。

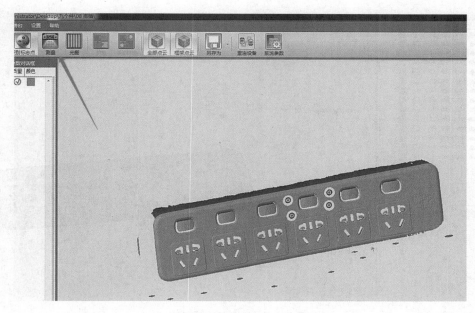

图 4.5.6　扫描测量

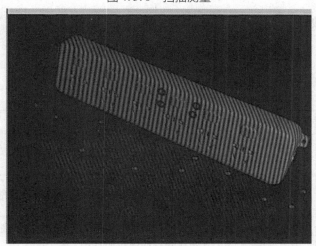

（a）

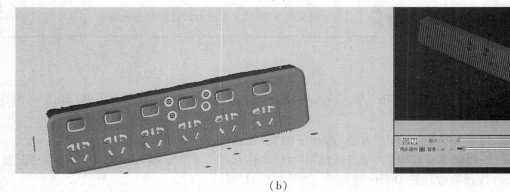

（b）

图 4.5.7　数据采集

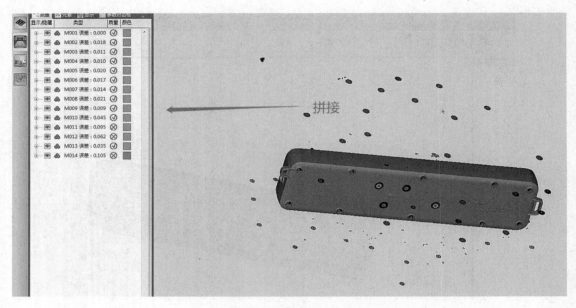

拼接

图 4.5.8　数据采集并拼接

4.5.4　数据处理

（1）命令

常用命令见表 4.5.2。

表 4.5.2　常用命令表

命　令	图　标	作　用
删除		删除所选对象
抽壳		沿单一方向复制和偏移网格以创建厚度
优化边界		对选择的多边形网格重分,不必移动底层点以试图更好地定义锐化和近似锐化的结构
锐化向导		锐化向导,在锐化多边形的过程中引导用户

（2）数据处理过程

步骤一:导入文件。单击"导入"选项,选择. asc 文件,单击"打开"选项,如图 4.5.9 所示。

步骤二:点云着色。单击"着色"选项中的"着色点",如图 4.5.10 所示。

步骤三:删除非连接项。单击"选择"中的"非连接项",将"分隔"设置为"低",尺寸设置为"5.0"。选择完成后按 Delete 键删除,如图 4.5.11 所示。

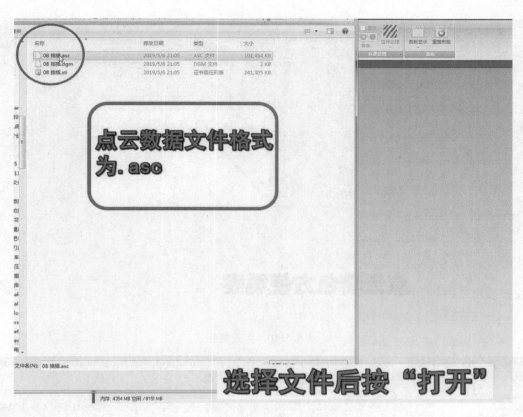

图 4.5.9　导入文件

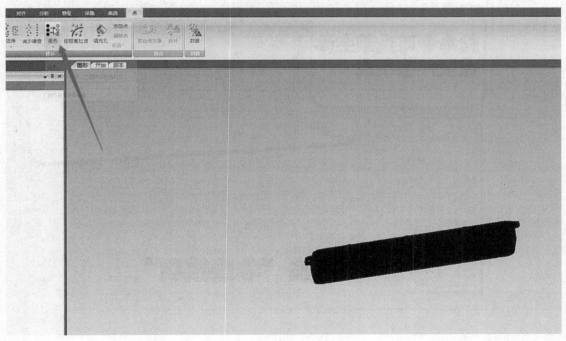

(a)

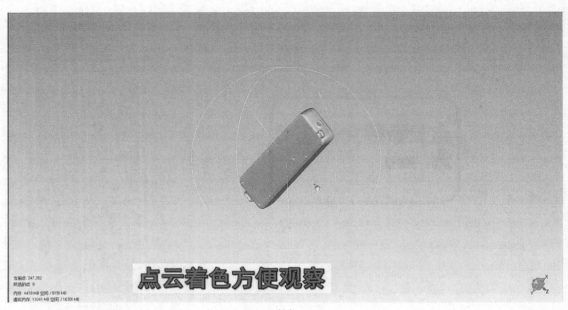

(b)

图 4.5.10　点云着色

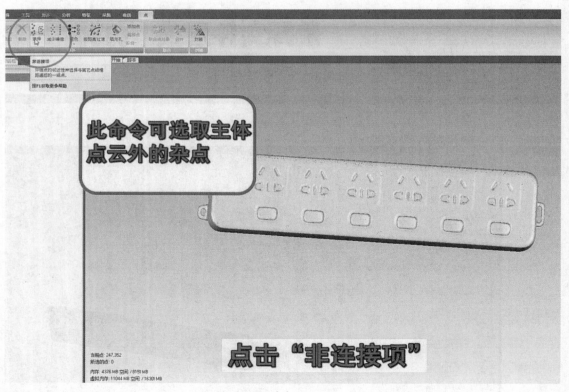

(a)

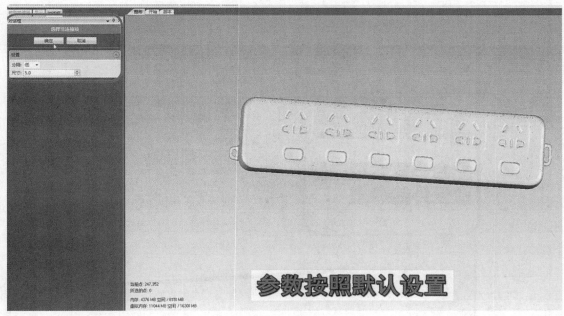

(b)

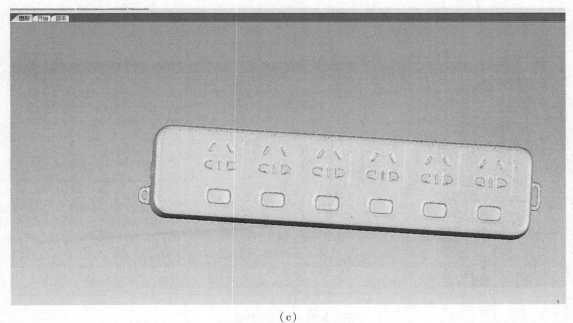

(c)

图 4.5.11 删除非连接项

步骤四：删除体外弧点。单击"选择"选项中的"体外弧点"，敏感度设置为"85.0"。选择完成后按 Delete 删除，如图 4.5.12 所示。

步骤五：通过缩放视图观察，存在明显的杂点需进行手动删除。按住鼠标左键框选杂点，按 Delete 键删除，如图 4.5.13 所示。

步骤六：减少噪音。单击"减少噪音"选项，"迭代"设置为"5"，"偏差限制"设置为"0.05"。减少噪音可将同一曲率上偏离主体点云过大的点去除，如图 4.5.14 所示。

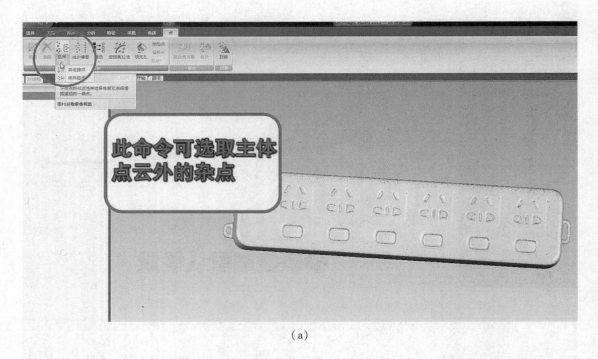

(a)

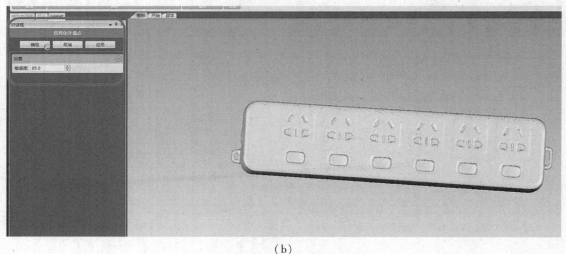

(b)

图 4.5.12　删除体外孤点

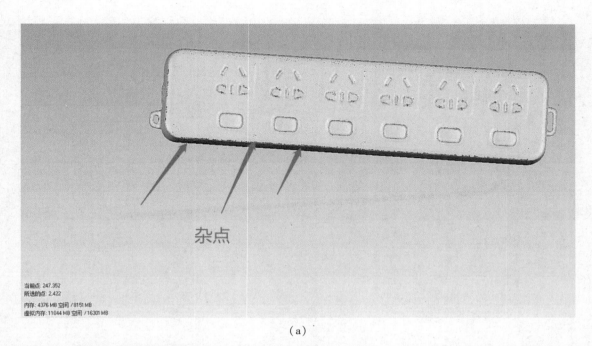

当前点: 247.352
所选的点: 2.422

内存: 4376 MB 空闲 / 8151 MB
虚拟内存: 11044 MB 空闲 / 16301 MB

（a）

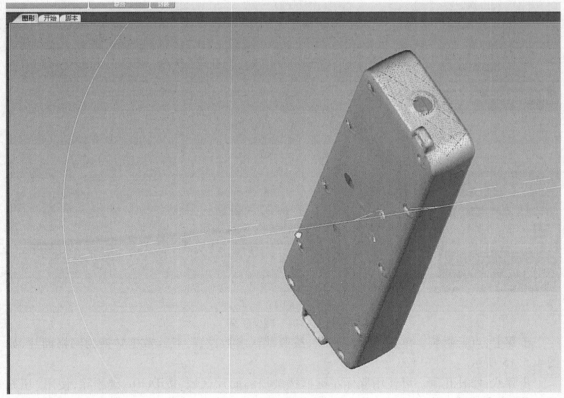

（b）

图 4.5.13　手动删除杂点

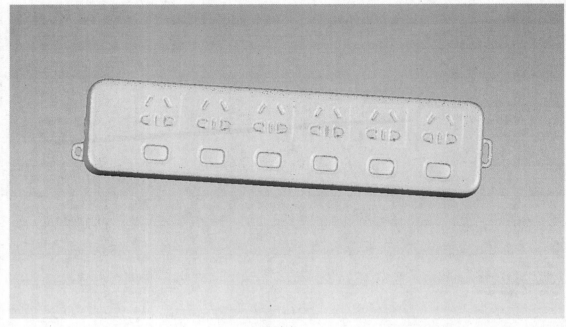

（a）

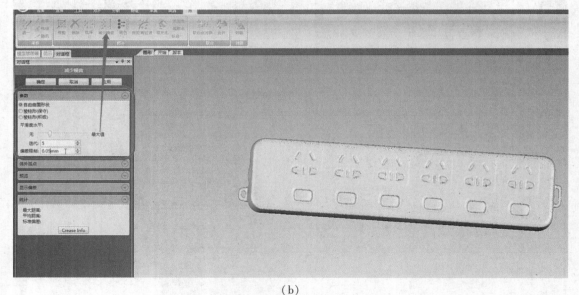

（b）

图4.5.14　减少噪音

步骤七：点云封装。单击"封装"选项，按照默认参数设置，点云数据转换为网格面片，如图4.5.15所示。

步骤八：修补孔洞。可使用鼠标左键框选破损的面片区域，按Delete键删除，使用"填充单个孔"命令将孔洞自动填补。直到数据处理完成，如图4.5.16所示。

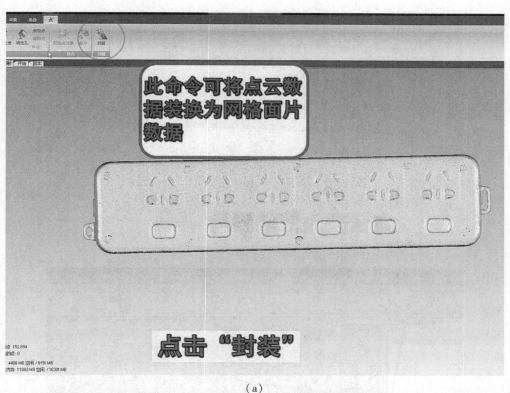

(a)

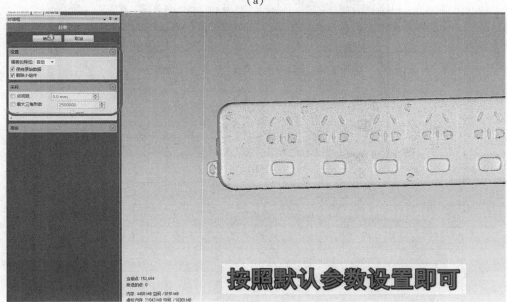

(b)

图 4.5.15　点云封装

步骤九：网格医生。单击"网格医生"选项，选择"自动修复"单击"应用"。

网格医生自动检测并修复非流线边、自相交、高度折射边等多边形网格内的缺陷，如图 4.5.17所示。

步骤十：完成数据处理并数据输出，格式为 stl.。

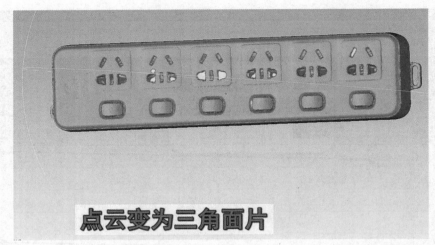

（a）

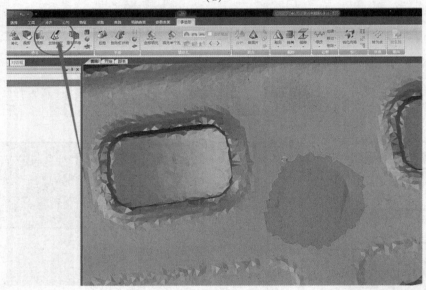

（b）

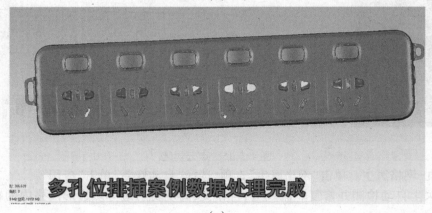

（c）

图 4.5.16　填补孔洞

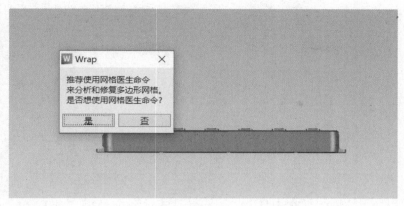

（a）

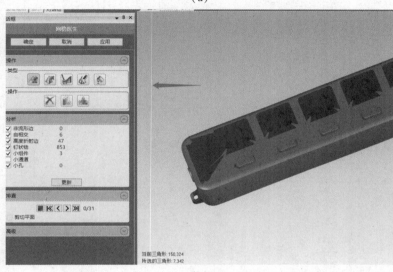

（b）

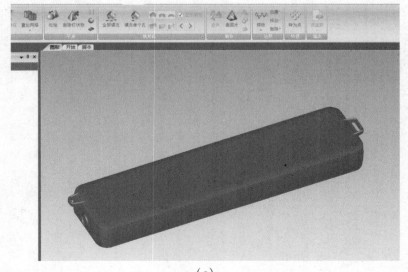

（c）

图 4.5.17　网格医生

项目单卡

表1　扫描前处理项目计划表

工序	工序内容
1	先检查_____、_____、_____、_____工具是否齐全
2	摇晃显像剂_____s,使其充分混合。
3	喷嘴距离工件_____均匀喷涂,喷粉过程中做到(□"匀、薄、细" □充分喷涂 □都可以)
4	

表2　扫描前处理自评表

评价项目	评价要点	符合程度		备注
学习工具	显像剂	□基本符合	□基本不符合	
	一次性手套	□基本符合	□基本不符合	
	棉签	□基本符合	□基本不符合	
	多空位排插原型	□基本符合	□基本不符合	
学习目标	符合多空位排插显像剂喷涂要求	□基本符合	□基本不符合	
	在喷粉过程中做到"匀、薄、细"	□基本符合	□基本不符合	
课堂6S	整理(Seire)	□基本符合	□基本不符合	
	整顿(Seition)	□基本符合	□基本不符合	
	清扫(Seiso)	□基本符合	□基本不符合	
	清洁(Seiketsu)	□基本符合	□基本不符合	
	素养(Shitsuke)	□基本符合	□基本不符合	
	安全(Safety)	□基本符合	□基本不符合	
评价等级	A	B	C	D

小结

　　本项目主要讲述了初级案例数据采集以及点云数据处理的流程及操作。通过本项目的学习,可以使读者在数据采集前分析模型,学会数据采集的过程及方法并了解点云处理的重要性;通过本项目的讲解和演示,掌握天远OKIO扫描仪数据采集的操作并能熟练处理扫描采集的点云数据。

项目小结

　　本项目主要讲述了多个初级案例数据采集以及点云数据处理的流程及操作。使读者能够熟练使用天远OKIO扫描仪,并掌握分析模型,学会数据采集的过程及数据处理过程。

思考题

　　1.各模块数据处理的主要流程是什么?

　　2.单模块中"减少噪音"选项,选择参数选项中"自由曲面""菱柱形"各对应什么模型?

项目五

企业经典案例

学习目标：

通过本项目的学习，深入掌握非接触测量技术，阐述三维数据采集的流程和方法，加深对非接触光学三维数据采集过程的认识。进一步了解 Geomagic Wrap 软件处理数据的基本流程，掌握各阶段的主要功能及操作指令，完成扫描数据的处理。通过两个不同点云处理案例，阐述数据处理的流程及方法，并对扫描数据处理过程有一个深入的认识。

能力要求：

①了解数据采集的流程。
②了解扫描仪使用的基本方法。
③了解 Geomagic Wrap 软件。
④掌握各阶段技术命令。

知识要点：

①扫描前处理、扫描规划、扫描。
②扫描仪的基本操作。
③工作流程、主要功能、基本操作。
④选择并删除体外孤点、简化、减少噪音、封装、填充孔、网格医生。

任务 5.1　门把手数据处理

5.1.1　数据引入

在选择门把手时，需要特别注意门把手的风格。具体来讲，门把手可以分为日式风格、中式风格、现代简约风格、欧式风格等。防盗门把手价格和这类风格之间也有一定联系。比如说,目前市场上的中式仿古风格的门把手就很常见,如图 5.1.1 所示。

图 5.1.1　中式仿古风格门把手

5.1.2　数据采集

(1) 工具准备

工具准备见表 5.1.1。

表 5.1.1　工具准备表

工　具	图　示	用　途
门把手		用于数据采集
手套		①防止手和花洒之间接触引起显像剂的掉落; ②保护皮肤及手
显像剂		防止被测物体反光导致无法采集数据

续表

工　具	图　示	用　途
棉签		去除被测物局部显像剂,使标志点粘贴牢固
油泥		①固定物体方位:部分物体因特征或形状难以安放,所以使用油泥作为夹具将物体固定在转盘上方便扫描; ②作为辅助特征:对于回转物体,公共特征难以拼接,从而用油泥增设特征,方便拼接特征,扫描点云拼接后把油泥点云删除即可
转盘		使工件多角度旋转,加快数据采集的速度,提高数据采集的精度

（2）喷粉

①手握显像剂,旋转摇晃 10～15 s,如图 5.1.2 所示。

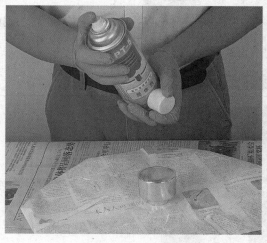

图 5.1.2　旋转摇匀

②喷嘴距离模具 150～200 mm 均匀喷涂,如图 5.1.3 所示。

图 5.1.3　显像剂喷涂

注意:

如果显像剂喷涂过厚,重新喷涂。

喷粉时喷粉人员一定要处于上风口。

不宜喷涂过厚,以免造成扫描误差。

(3)贴标志

1)标志点的概念

采用非接触式光学测量方法,通过投射和成像设备,对图像进行处理计算后都可以得到被测物体标识位置甚至整个表面轮廓空间信息。而在进行数据采集计算时,扫描设备首先的工作就是检测被测工件的特征,提取出特征点的位置坐标。同时提取的坐标要尽可能地具有高精度,且保证该特征的中心定位不会受拍摄角度的影响,同时也要保证提取的特征点在不同图像间可实现拼接。有时因为被测物体复杂、特征多变,扫描仪的数据采集会产生对特征点的位置计算比较复杂或出现数据提取失败的情况。这时需要操作者在被测物体粘贴标志点,以提供高精度的特征坐标位置辅助数据采集,并且便于建立不同图像间特征点的拼接。

2)粘贴标志点

第一步:根据目标物体的大小选择相应规格的标定点,如图 5.1.4 所示。

图 5.1.4　粘贴标志点

第二步：撕下标志点在物体上进行粘贴，使用尺寸较小的标志点需使用镊子捏夹；公共特征区域需显示至少 4 个点；贴点不能出现重叠或粘贴到特征区域处，如图 5.1.5 所示。

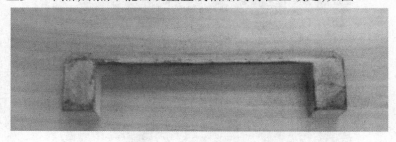

图 5.1.5　粘贴标志点

第三步：完成粘贴，如图 5.1.6 所示。

图 5.1.6　贴点完成

注意：

①标志点要尽量贴在模型表面的平面区域或曲率较小的曲面，且距离模型边界较远一些。

②标志点不要贴在一条线直线上，且尽量要不对称粘贴。

③公共标志点至少需要 4 个，由于图像质量、拍摄角度等多方面原因，有些标志点不能被正确识别，因而建议用尽可能多的标志点，一般以 5~7 个为宜。

④标志点应使相机在尽可能多的角度可以同时看到。

⑤标志点要保证扫描策略的顺利实施，并使标志点在长度、宽度、高度方向合理分布，以保证全局拼接的使用。

(4) 扫描

步骤一：新建工程。启动设备后双击打开 3D Scan 软件，单击"新建工程"选项，命名文件及选择保存路径，单击"确定"按钮，如图 5.1.7 所示。

步骤二：相机中显示出物体，单击"测量"选项，扫描仪开始采集物体数据，如图 5.1.8 所示。

步骤三：扫描采集数据后，等待软件计算后主窗口显示扫描采集数据，如图 5.1.9 所示。

步骤四：扫描采集数据后对三维旋转模型进行观察，扫描仪识别到 4 个以上的标志点即可进行下一组数据采集并自动拼接。若存在特征扫描缺失的情况，可进行补充采集，直至数据采集完整为止，如图 5.1.10 所示。

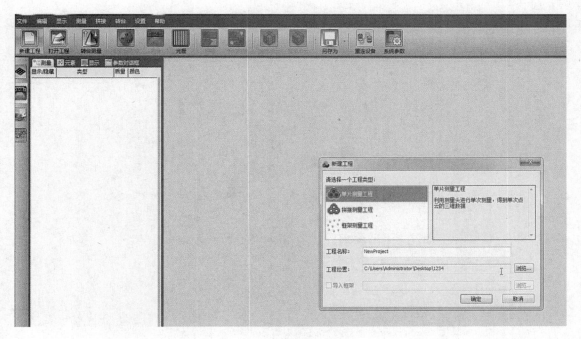

图 5.1.7　新建工程

图 5.1.8　扫描测量

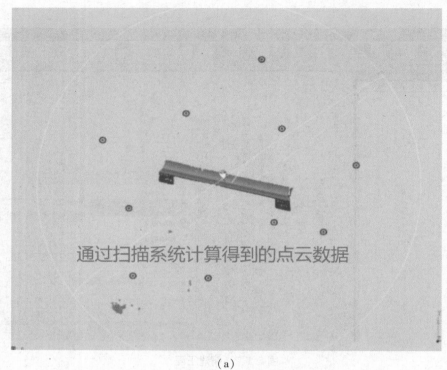

（a）

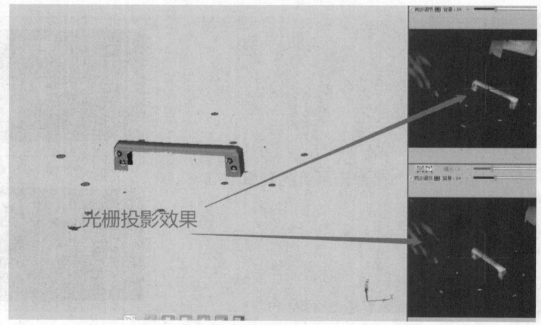

（b）

图 5.1.9　数据采集

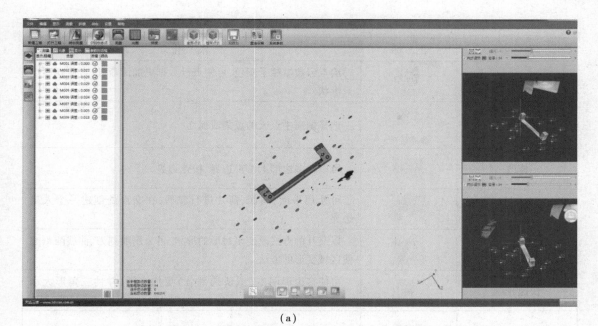

（a）

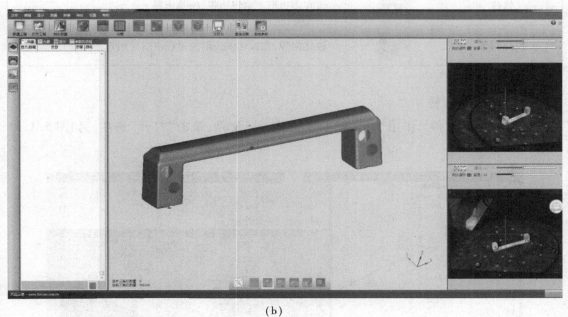

（b）

图 5.1.10　采集并拼接

5.1.3　数据处理

（1）命令

常用命令见表 5.1.2。

表 5.1.2　常用命令表

命　令	图　标	作　用
点云着色	着色	给点云数据赋予颜色,可使点云数据更加清晰,以方便观察点云形状
非连接项	非连接项	选择偏离主点云的点集或孤岛
修改		可以在多边形上编辑边界、松弛边界
裁剪		可使用平面、曲面、薄片进行裁剪,在交点处创建一个人工边界
雕刻		以交互的方式改变多边形的形状,可采用雕刻刀、曲线雕刻或使区域变形的方法
快速光顺		可使多边形网格(或所选部分)更加平滑,并使三角形大小一致
修改		可在多边形上编辑边界、松弛边界
锐化向导		锐化向导,在锐化多边形的过程中引导用户

(2)数据处理过程

步骤一:导入文件。单击"导入"选项,选择.asc 文件,单击"打开"选项。如图 5.1.11 所示。

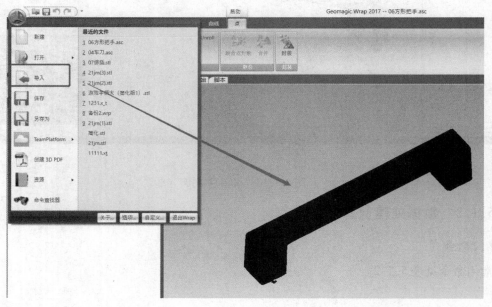

图 5.1.11　导入文件

步骤二:点云着色。单击"着色"选项中的"着色点",如图 5.1.12 所示。

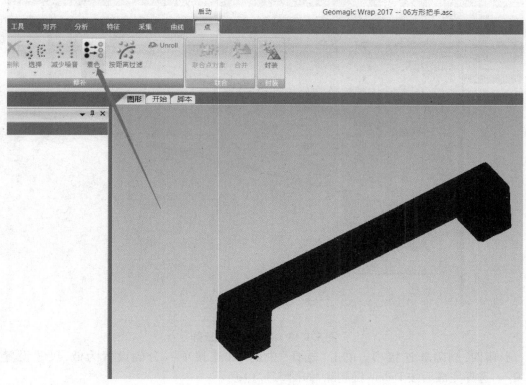

图 5.1.12　点云着色

步骤三:手动框选体外点云群,选择完成后按 Delete 键删除,如图 5.1.13 所示。

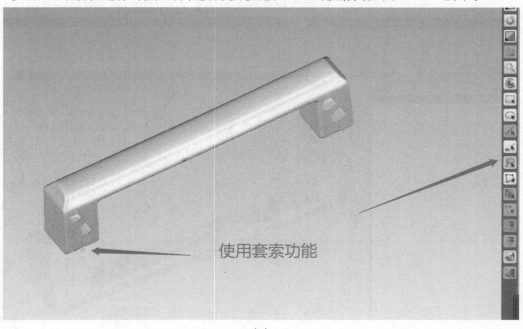

使用套索功能

（a）

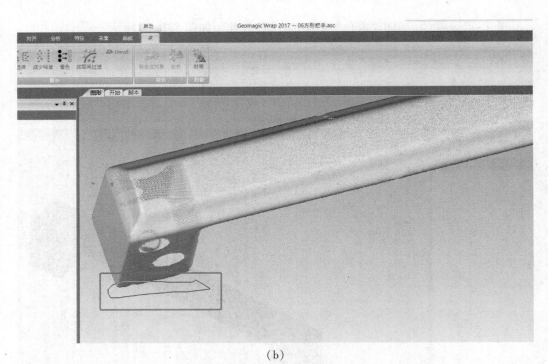

（b）

图 5.1.13　手动选取点云群

步骤四：删除非连接项。单击"选择"中的"非连接项"，分隔设置为低，尺寸设置为"5.0"。选择完成后按 Delete 键删除，如图 5.1.14 所示。

步骤五：删除体外弧点。单击"选择"中的"体外弧点"，敏感度设置为"85.0"。选择完成后按 Delete 键删除，如图 5.1.15 所示。

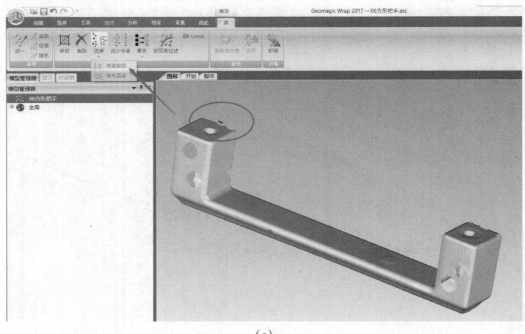

（a）

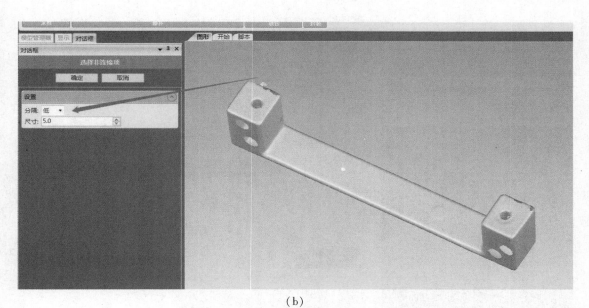

（b）

图 5.1.14 删除非连接项

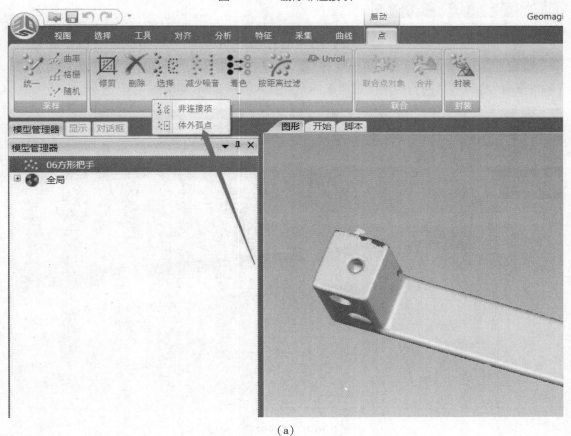

（a）

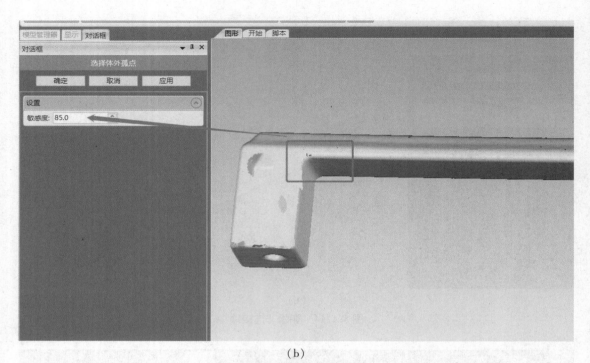

(b)

图 5.1.15　删除体外孤点

　　步骤六：减少噪音。单击"减少噪音"选项，迭代设置为"5"，偏差限制设置为"0.05"。"减少噪音"选项可将同一曲率上偏离主体点云过大的点去除，如图 5.1.16 所示。

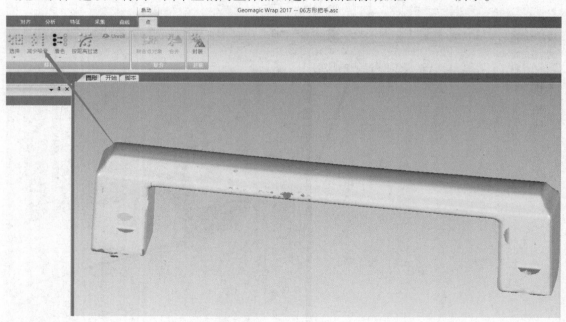

图 5.1.16　"减少噪音"选项

　　步骤七：统一采样。单击"统一"选项，选择"绝对"，将间距设置为"0.1"。统一采样可将点云简化至目标值，如图 5.1.17 所示。

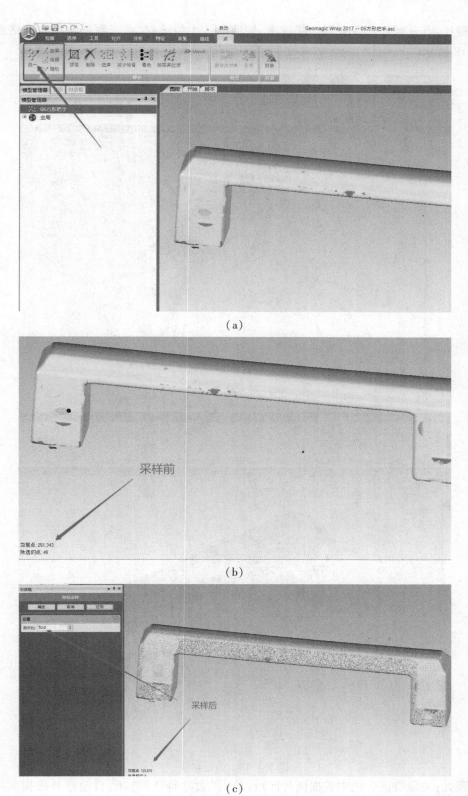

图 5.1.17　"统一采样"选项

步骤八:点云封装。单击"封装"选项,按照默认参数设置,点云数据转换为网格面片,如图 5.1.18 所示。

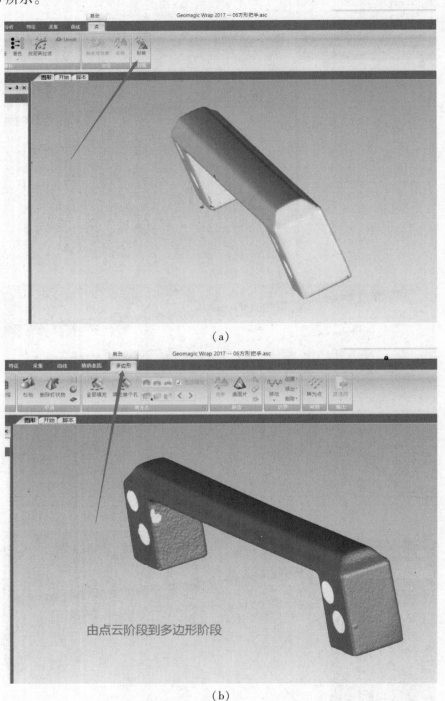

(a)

(b)

图 5.1.18　点云封装

步骤九:去除特征。选中破损面片区域,单击"去除特征"选项,自动修补破损面片,直到数据处理完成,如图 5.1.19 所示。

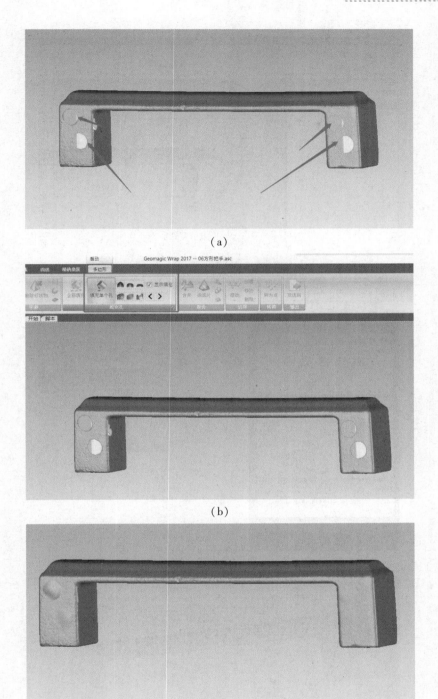

（a）

（b）

（c）

图 5.1.19　填补孔洞

步骤十：网格医生。单击"网格医生"选项，选择"自动修复"点击应用。

网格医生将自动检测并修复非流线边、自相交、高度折射边等多边形网格内的缺陷，如图 5.1.20 所示。

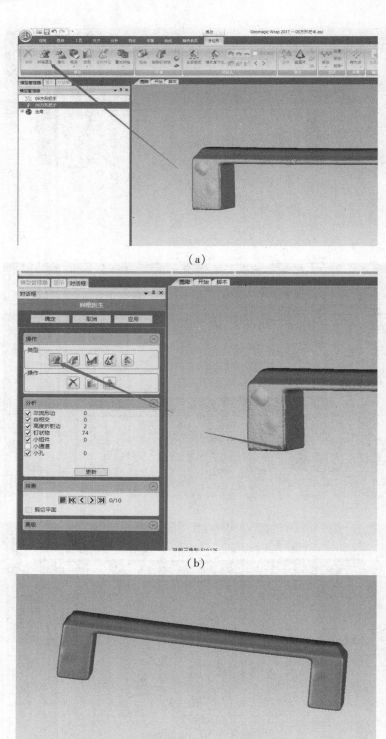

（a）

（b）

（c）

图 5.1.20　网格医生

步骤十一：完成数据处理并输出数据，格式为 stl. 。

任务 5.2　车刀数据处理

5.2.1　数据引入

数控车刀的种类可分为整体车刀、焊接车刀、机夹车刀、可转位车刀和成型车刀。其中,可转位车刀的应用日益广泛,在所用车刀中占比逐渐增加,数控车刀如图 5.2.1 所示。

车刀的切削部分材料应该满足以下要求:

①应具有高硬度。刀具材料的硬度应高于工件的硬度 1.3 ~ 1.5 倍。

②应具有耐磨性。

③应具有耐热性。

④应具有足够的强度和韧性。

⑤应具有良好的工艺性。

图 5.2.1　数控车刀

5.2.2　数据采集

(1)工具准备

工具准备见表 5.2.1。

表 5.2.1　工具准备

工　具	图　示	用　途
车刀		用于数据采集
显像剂		防止被测物体反光导致无法采集数据

续表

工 具	图 示	用 途
棉签	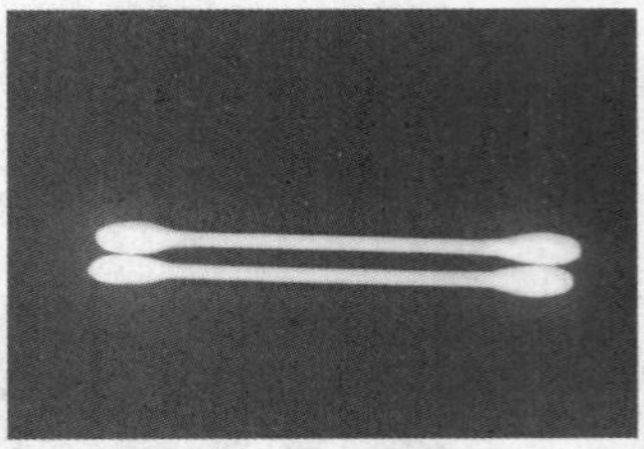	去除被测物局部显像剂,使标志点粘贴牢固
标志点	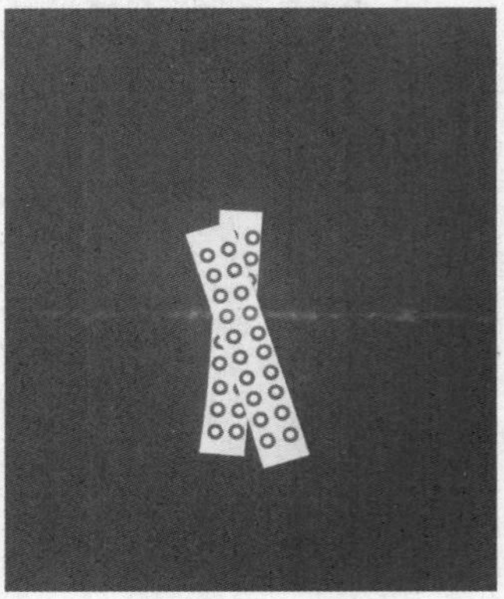	用于在被测物上做标志,使扫描时拼接更加方便、精准
油泥		①固定物体方位:部分物体因特征或形状难以安放,所以使用油泥作为夹具将物体固定在转盘上以方便扫描。 ②作为辅助特征:对于回转物体,公共特征难以拼接,从而使用油泥增设特征,以方便拼接特征,扫描点云拼接后把油泥点云删除即可
转盘	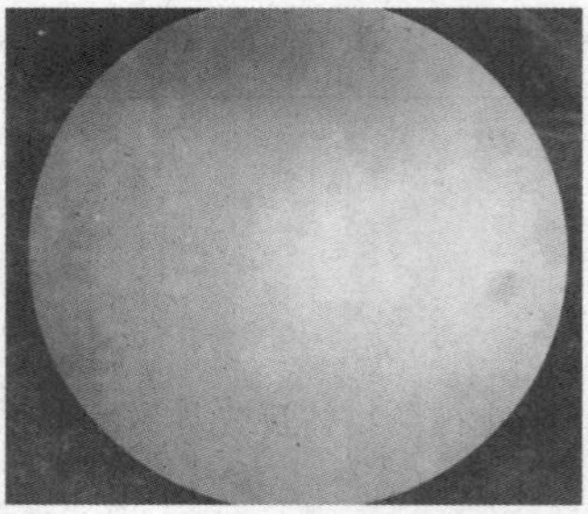	使工件多角度旋转,加快数据采集的速度,提高数据采集的精度

（2）喷粉

1）显像剂使用

第一步:揭开显像剂盖子后充分摇匀,以防沉淀物积累,如图 5.2.2 所示。

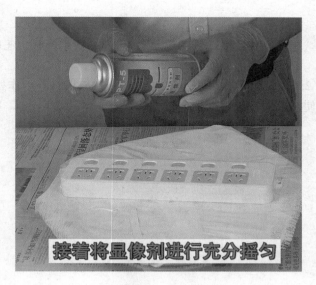

图 5.2.2　摇匀

第二步：在距离工件物体 15～20 cm 处开始喷涂显像剂，如图 5.2.3 所示。

图 5.2.3　喷涂显像剂 1

图 5.2.4　喷涂显像剂 2

第三步：喷涂薄薄的一层显像剂即可。喷涂时切勿喷涂过厚，以免影响模型特征，如图 5.2.4所示。

注意：

操作人如有头晕、头痛、恶心、呕吐等不适的感觉，应立即到新鲜空气的地方。

2）分析案例

模型案例（图5.2.5）外表面为高度反光的铝材质，在扫描时若不作处理会在数据采集时无法采集反光处，致使扫描的点云数据出现较大的缺失。

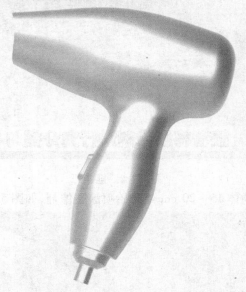

图5.2.5　模型案例

3）案例处理

案例处理主要采用喷涂显像剂的方法，喷涂前和喷涂后外观如图5.2.6和图5.2.7所示。

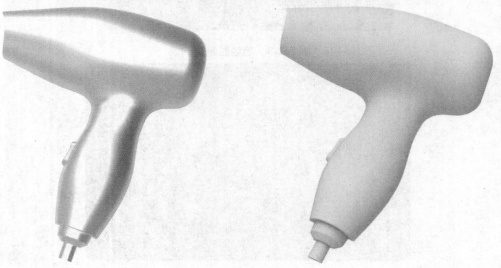

图5.2.6　喷涂前　　　　　　　　　　　　　　图5.2.7　喷涂后

（3）贴标志

第一步：根据目标物体的大小选择相应规格的标定点，如图5.2.8所示。

图 5.2.8 粘贴标志点

第二步：撕下标志点在物体上进行粘贴，使用尺寸较小的标定点需用镊子捏夹；公共特征区域需显示至少 4 个点；贴点不能出现重叠或粘贴到特征区域处，如图 5.2.9 所示。

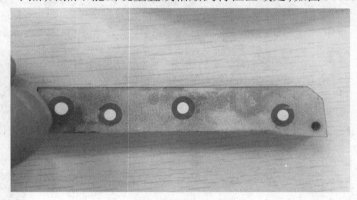

图 5.2.9 粘贴标志点

第三步：贴点完成后如图 5.2.10 所示。

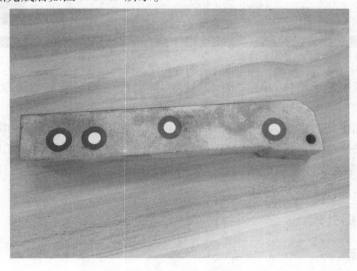

图 5.2.10 贴点完成

注意:

①标志点要尽量贴在简易模具表面的平面区域或曲率较小的曲面,且距离简易模具边界较远一些。

②标志点不要贴在一条线直线上,且尽量不对称粘贴。

③公共标志点至少需要4个,由于图像质量、拍摄角度的多方面原因,有些标志点不能正确识别,因而建议用尽可能多的标志点,一般以5~7个为宜。

④标志点应使相机在尽可能多的角度可以同时看到。

⑤标志点要保证扫描策略的顺利实施,并使标志点在长度、宽度、高度方向均合理分布,以保证全局拼接的使用。

(4)扫描

步骤一:新建工程。启动设备后双击打开3D Scan软件,单击"新建工程"选项,命名文件及选择保存路径,然后单击"确定"按钮,如图5.2.11所示。

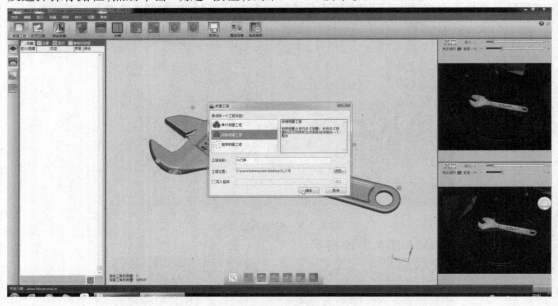

图5.2.11 新建工程

步骤二:相机中显示物体,单击"测量"选项,扫描仪便开始采集物体数据,如图5.2.12所示。

步骤三:扫描采集数据后,等待软件计算后主窗口显示扫描采集数据,如图5.2.13所示。

步骤四:扫描采集数据后对三维旋转模型进行观察,扫描仪识别到4个以上的标志点即可进行下一组数据采集并自动拼接。若存在特征扫描缺失的情况,可进行补充采集,直至数据采集完整为止,如图5.2.14所示。

5.2.3 数据处理

(1)命令掌握

常用命令见表5.2.2。

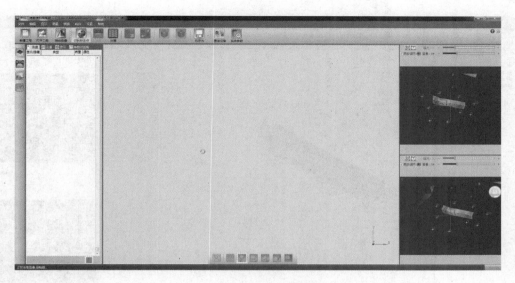

图 5.2.12 扫描测量

（a）

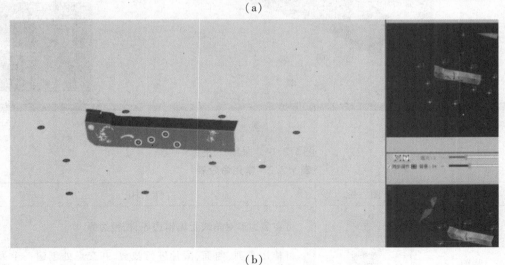

（b）

图 5.2.13 数据采集

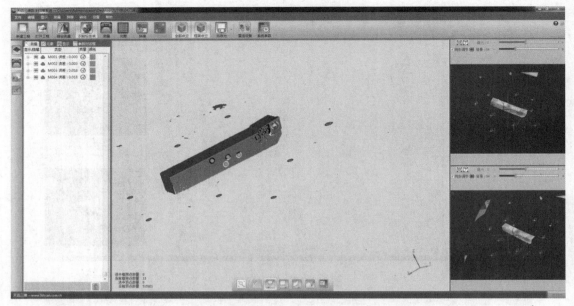

(a)

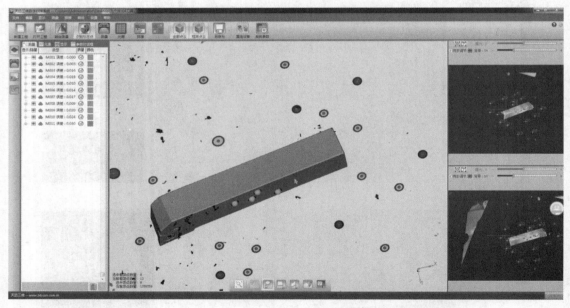

(b)

图 5.2.14　采集并拼接

表 5.2.2　常用命令表

命　　令	图　标	作　　用
修改		可在多边形对角线上编辑边界、松弛边界
裁剪		可使用平面、曲面、薄片进行裁剪,在交点处创建一个人工边界

续表

命　令	图　标	作　用
雕刻		以交互的方式改变多边形的形状,可采用雕刻刀、曲线雕刻或使区域变形的方法
快速光顺		使多边形网格(或所选部分)更加平滑并使三角形大小一致
点云封装	封装	将围绕点云数据进行封装计算,使点云数据转换为多边体模型
填充单个孔	填充单个孔	根据曲率、切线或平面的方式对单个孔进行填补修复
简化	简化	通过修改总值、百分比等方法简化效果
网格医生	网格医生	自动检测并修复非流线边、自相交、高度折射边等多边形网格内的缺陷

(2)数据处理过程

步骤一:导入文件。单击"导入"选项,选择.asc 文件,单击"打开",如图 5.2.15 所示。

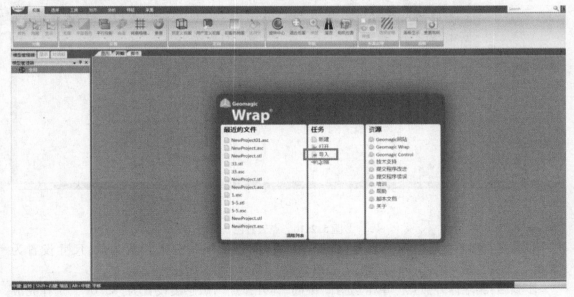

图 5.2.15　导入文件

步骤二:点云着色。单击"着色"选项中的"着色点",如图 5.2.16 所示。

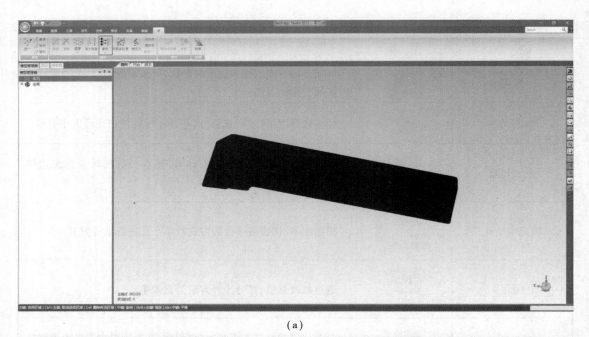

(a)

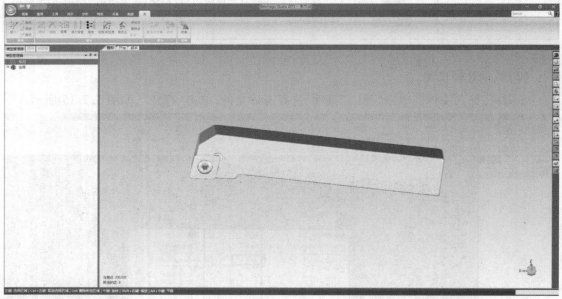

(b)

图 5.2.16　点云着色

步骤三：删除非连接项。单击"选择"中的"非连接项"，分隔设置为低，尺寸设置为"5.0"。选择完成后按 Delete 键删除，如图 5.2.17 所示。

步骤四：删除体外弧点。单击"选择"中的"体外弧点"，敏感度设置为"85.0"。选择完成后按 Delete 键删除，如图 5.2.18 所示。

步骤五：减少噪音。单击"减少噪音"选项，迭代设置为"5"，偏差限制设置为"0.05"。减少噪音可将同一曲率上偏离主体点云过大的点去除，如图 5.2.19 所示。

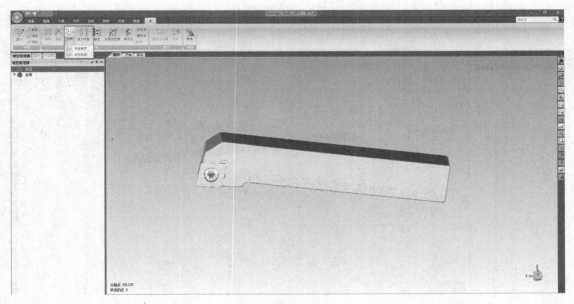

(a)

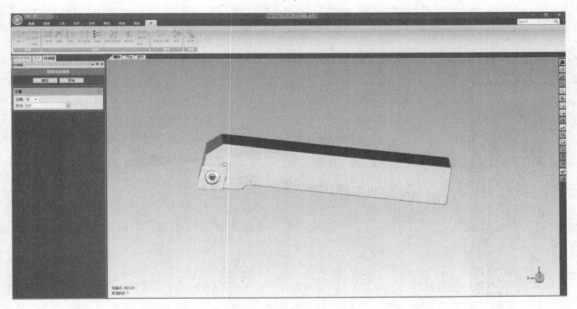

(b)

图 5.2.17　删除非连接项

　　步骤六:点云封装。单击"封装"选项,按照默认参数设置,点云数据转换为网格面片,如图 5.2.20 所示。

　　步骤七:去除特征。选中破损面片区域,单击"去除特征"选项,自动修补破损面片,直到数据处理完成,如图 5.2.21 所示。

　　步骤八:简化。单击"简化",选择"三角形计数",减少百分比设置为"80"。

　　简化功能可将面片简化至目标值,如图 5.2.22 所示。

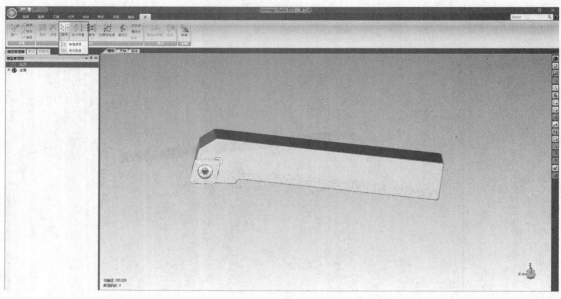

（a）

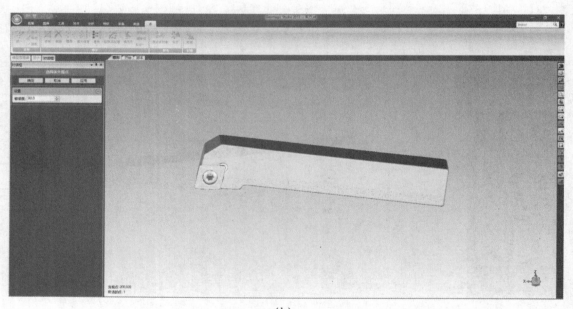

（b）

图 5.2.18　删除体外孤点

步骤九：网格医生。单击"网格医生"选项，选择"自动修复"后单击应用。

网格医生自动检测并修复非流线边、自相交、高度折射边等多边形网格内的缺陷，如图 5.2.23所示。

步骤十：完成数据处理并输出数据，格式为 stl.。

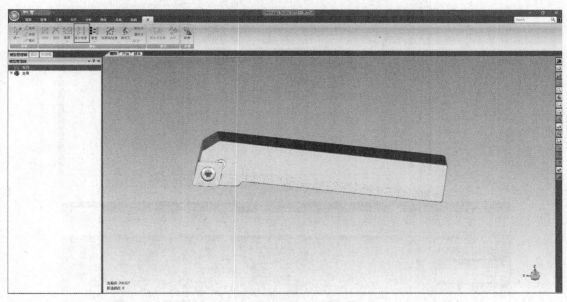

(a)

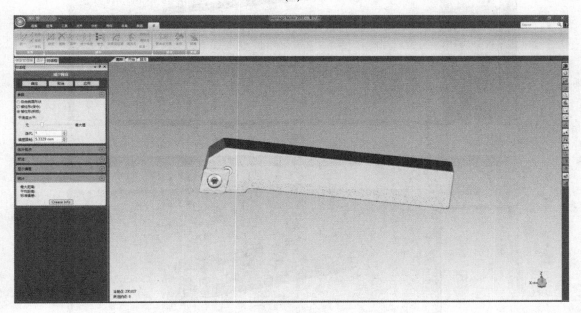

(b)

图 5.2.19　减少噪音

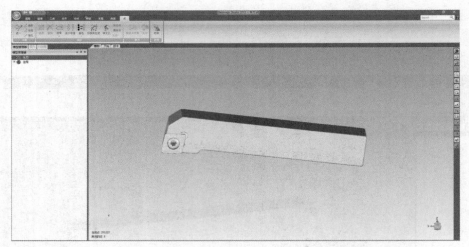

(a)

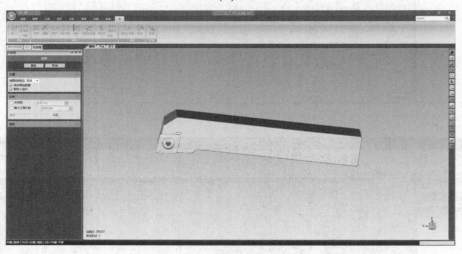

(b)

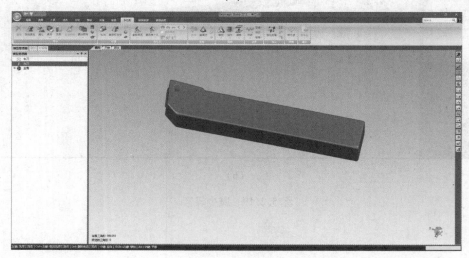

(c)

图 5.2.20　点云封装

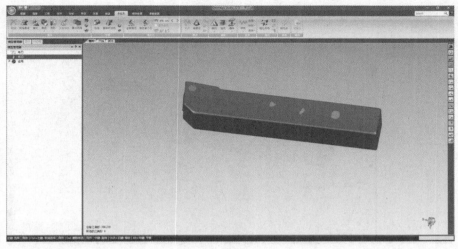

(a)

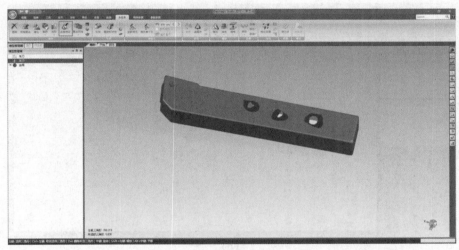

(b)

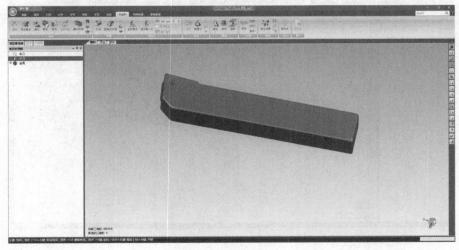

(c)

图 5.2.21　填补孔洞

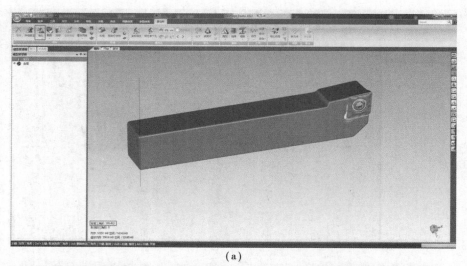

(a)

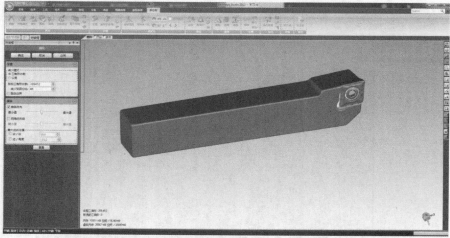

(b)

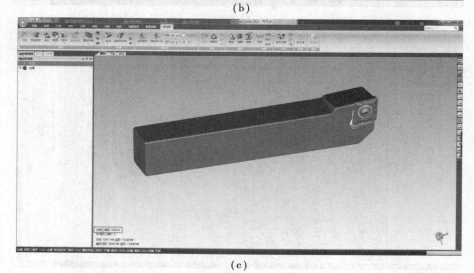

(c)

图 5.2.22　简化

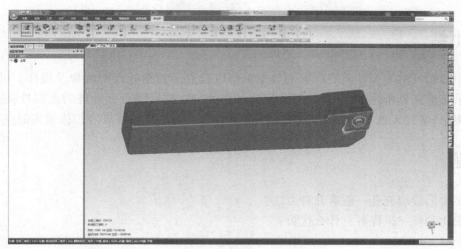

（a）

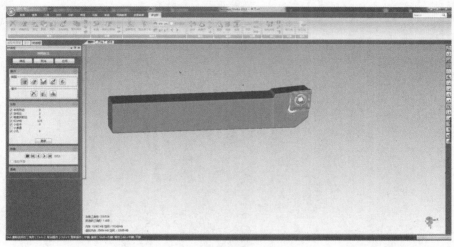

（b）

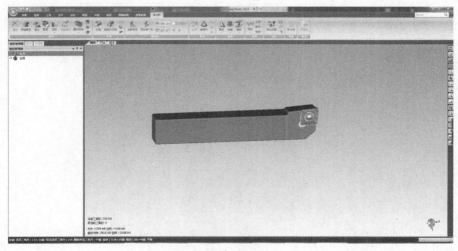

（c）

图 5.2.23 网格医生

项目小结

本项目深入讲述了企业经典案例数据采集以及点云数据处理的流程及操作。可使读者在数据采集前先分析模型,学会数据采集的过程及方法并了解点云处理的重要性;通过项目讲解和演示,掌握天远 OKIO 扫描仪数据采集的操作并进一步熟练处理扫描采集的点云数据。

思考题

1. 多边形段填充孔一般有几种方法?
2. 简化和统一采样各有什么优势?